煤与瓦斯突出预测新技术及仿真

李学娟　著

中国矿业大学出版社

·徐州·

内 容 提 要

本书以煤体声发射为研究对象,论述了煤体声发射信号的特点,将小波变换用于煤与瓦斯突出信号的提取,并利用小波变换良好的时频特性,将采集的声发射信号分解在不同的尺度上,从而把所需的故障信息有效提取出来,最后运用 Matlab 仿真软件验证了该方法的有效性。此外,在分析过程中,从多个方面考虑了小波变换在煤体声发射信号提取中所遇到的问题,为本书研究方案的实用化奠定了基础。

本书可供从事安全工程、采矿工程等相关专业的科研与工程技术人员参考。

图书在版编目(C I P)数据

煤与瓦斯突出预测新技术及仿真 / 李学娟著. —徐
州 : 中国矿业大学出版社,2024.5
ISBN 978 - 7 - 5646 - 6258 - 5

Ⅰ.①煤…　Ⅱ.①李…　Ⅲ.①煤突出－防治－研究②
瓦斯突出－防治－研究　Ⅳ.①TD713

中国国家版本馆 CIP 数据核字(2024)第 098854 号

书　　名	煤与瓦斯突出预测新技术及仿真
著　　者	李学娟
责任编辑	赵朋举　黄本斌
出版发行	中国矿业大学出版社有限责任公司
	(江苏省徐州市解放南路　邮编221008)
营销热线	(0516)83885370　83884103
出版服务	(0516)83995789　83884920
网　　址	http://www.cumtp.com　E-mail:cumtpvip@cumtp.com
印　　刷	江苏凤凰数码印务有限公司
开　　本	787 mm×1092 mm　1/16　印张 6.75　字数 132 千字
版次印次	2024 年 5 月第 1 版　2024 年 5 月第 1 次印刷
定　　价	30.00 元

(图书出现印装质量问题,本社负责调换)

前　言

　　煤与瓦斯突出(简称突出)是煤矿开采行业最为严重的自然灾害之一。长期以来,许多国家在煤与瓦斯突出预测和防治方面做了大量研究,但由于煤与瓦斯突出本身的复杂性和研究条件的局限性,对其进行准确、可靠的预测是一项长期、艰巨的任务。非接触式预测是最有发展前景的预测方法,同时也是煤与瓦斯突出预测技术发展的必然趋势。

　　目前世界各国普遍采用的突出预测方法多为以瓦斯参数为主的点预测。该预测方法没有形成在线动态预测预报系统,缺乏动态分析和评价;预测仪表多依赖接触式钻孔来实现,预测效率低、精度低。煤与瓦斯突出区域性预测仅局限于规律性分析和类比方法,远不能满足矿井防治煤与瓦斯突出灾害的要求。近年来,随着矿井开采范围的扩大,开采深度的增大,生产的集中,以及机械化程度的不断提高,原有的煤与瓦斯突出预测方法已经不能满足矿井日益发展的需要。因此,根据目前的技术水平和现场的技术要求,研究集先进性、专门性和实用性为一体的非接触式煤与瓦斯突出预测新方法和新技术势在必行。

　　计算机技术、现代检测技术、电子技术、信息科学技术的发展为煤与瓦斯突出实时预测及科学有效防治提供了新的思路和方法。本书将多学科交叉和融合,利用现代信息处理技术研究煤与瓦斯突出预测方法,提出了煤与瓦斯突出预测新技术。

　　本书主要分析了利用煤体声发射信号进行煤与瓦斯突出预测的可行性;研究了小波变换用于声发射去噪处理的优越性和具体的去噪算法;然后利用小波变换良好的时频特性,将采集的声发射信号分解在不同的尺度上,从而把所需的有效信息提取出来,并运用 Matlab 仿真软件验证了该方法的有效性。此外,在分析过程中,从多个方面考虑了小波变换在煤体声发射信号提取中所遇到的一些问题,如母小波函数的选取、分解尺度的选择依据、阈值的选择、快速算法的实现等,为本书研究方案的实用化奠定了基础。

由于作者水平受限,书中难免存在不足之处,敬请广大读者批评指正。

著 者

2024 年 3 月

目　　录

1　绪　　论

1.1　研究背景及意义

煤与瓦斯突出是煤矿井下采掘过程中一种极其复杂的矿井动力现象。在地应力和瓦斯的共同作用下,很短的时间(几秒钟至几分钟)内,煤与瓦斯从采掘工作面煤壁内部向采掘空间或巷道大量、快速地喷出。在发生煤与瓦斯突出时,瞬时高速运动的煤与瓦斯流形成强大的冲击力和破坏力,其结果是摧毁井巷设施,使井巷充满瓦斯和煤(岩)抛出物,造成人员窒息、煤流埋人,甚至可能引起瓦斯爆炸与火灾事故,导致生产中断,严重影响矿井安全生产。因此,煤与瓦斯突出是影响煤矿安全生产最严重的自然灾害之一。

自 1834 年法国鲁阿尔煤田依萨克矿井发生第一次有记载的突出以来,发生过突出的国家有中国、苏联、法国、波兰、日本、美国等 20 多个国家。据不完全统计,上述这些国家发生突出的起数已超过 3 万起。截至目前,世界上最大的一起突出发生在 1969 年 7 月 13 日苏联顿巴斯矿区加加林矿井,突出煤(岩)14 000 t,喷出瓦斯达 2 500 000 m^3。

我国是世界上煤与瓦斯突出最严重的国家之一,自 1950 年发生有记载的第一起煤与瓦斯突出事故以来,共发生突出事故 18 000 余起。其中,突出强度最大的一起事故发生在 1975 年 8 月 8 日天府矿务局三汇一矿主平硐石门揭煤工作面,突出煤(岩)12 780 t,喷出瓦斯 140 000 m^3,此次突出煤(岩)量仅次于苏联顿巴斯矿区加加林矿井,据世界第二位[1]。

煤与瓦斯突出给煤矿带来了巨大的灾难。据资料统计,2001—2021 年,我国共发生突出事故 490 起,死亡 3 219 人,造成了大量的经济损失。近年来,我国煤矿瓦斯灾害事故的起数仍居高不下,给煤矿安全生产造成了极大威胁。

突出灾害的威胁也极大地限制了矿井生产的发挥,采掘工作面因难以将瓦斯浓度控制在安全浓度以内而不得不减慢采掘进度,采取消除突出危险的措施也将占用更多的采掘时间,使许多矿井的生产能力不得不一降再降,浪费大量的生产投资,安全高效的机械化装备难以发挥效能,劳动生产率水平低下。矿井由于生产能力的下降,产量减小,经济效益显著降低。更为严重的是,矿井安全生产受到威胁,矿井经济负担重,效益差,致使矿井科技人员流失严重,科研开发能力降低,不少突出矿井甚至步入恶性循环,最终导致矿井关闭。

煤与瓦斯突出不仅是安全问题,也是重大的经济问题。在突出煤层的采掘工作面采掘时,必须进行突出预测及预测措施效果检验。煤与瓦斯突出预测的目的和意义在于为制定合理有效的防突措施提供科学依据,保障井下生命财产的安全。因此,预测和防治煤与瓦斯突出对于提高矿井的社会效益和经济效益具有重要的意义。

1.2 研究现状及发展趋势

由于煤与瓦斯突出的复杂性及其对矿井安全生产危害的严重性,世界各产煤国对此都十分重视。例如,中国、苏联等国家都设立了专门的防突委员会和研究机构来负责煤与瓦斯突出的研究工作;自 20 世纪 60 年代以来,许多国家加强了煤与瓦斯突出研究的国际学术交流活动,多次召开煤与瓦斯突出国际讨论会,以讨论煤与瓦斯突出机理及预测预报方法。

1.2.1 煤与瓦斯突出机理研究现状

煤与瓦斯突出是一种发生、发展过程极其复杂的煤岩动力现象,其机理一直是突出灾害研究的重要内容之一,同时也是煤与瓦斯突出预测的理论基础。煤与瓦斯突出机理指煤与瓦斯突出发生、发展和终止全过程的内在机制[2]。为了科学地指导煤与瓦斯突出预测、预警和防治工作,各国学者通过突出事故案例的现场观测、事故发生后的统计分析、在实验室建立模型进行模拟以及利用计算机软件辅助模拟的方法对煤与瓦斯突出机理进行研究,提出了多种假说。这些假说主要可以分为 4 类,分别为瓦斯主导作用假说、地应力主导作用假说、化学本质作用假说和综合作用假说。前 3 种假说均为单一因素主导作用假说,但随着研究的逐渐深入,综合作用假说逐渐处于主导地位。

瓦斯主导作用假说认为煤层中的瓦斯压力是导致煤与瓦斯突出的主要因素。它认为煤是一种多孔裂隙结构物质,煤层中存在可以积聚瓦斯的空洞,在地壳运动中地应力使煤体内部产生裂隙,储存了大量的瓦斯,其中游离状态的瓦斯被透气性高的煤岩包围并挤压,使煤体内部的瓦斯压力远大于煤层强度不高的煤体承受压力的极限。当采煤作业靠近该煤层时,由于受力平衡被打破,局部高压瓦斯气体在巨大的瓦斯压力梯度下冲破煤层,携带大量煤粉喷涌至井下巷道内,导致煤与瓦斯突出事故。

地应力主导作用假说认为地应力是诱发煤与瓦斯突出的关键因素,瓦斯是次要因素,即煤与瓦斯突出的主要动力来源为煤层的地应力。代表性的地应力主导作用假说有集中应力说、岩石变形潜能说、应力叠加说等。其中,集中应力说认为煤层的采掘活动(如震动、爆破等)打破了原始的煤层应力平衡状态,造成附近煤体的应力发生转移,进而形成集中应力,集中应力则导致煤层发生破坏引发突出;岩石变形潜能说认为地质构造、采掘活动导致煤岩层不断地产生变形,在这个过程中,煤岩层的弹性能不断增大,当其受到扰动破坏时,弹性能便会瞬间释放,剪切破碎煤层引发突出。

化学本质作用假说认为煤层中各物质相互发生化学作用产生的热和高压瓦斯导致了煤与瓦斯突出的发生,理由是煤的形成是大量物理化学反应的结果,这是化学本质作用假说一个很重要的依据。

单一因素主导作用假说片面地解释了煤与瓦斯突出现象,随着研究的深入,该假说逐渐被否定。综合作用假说认为,煤与瓦斯突出的发生是煤矿中各种影响因素综合作用的结果。这里所说的影响因素包括地应力、瓦斯压力以及煤体内部的物理力学性质等。综合作用假说能较为全面客观地解释突出现象,故而被广大学者所接受。许多学者基于综合作用假说提出了新的观点和假说。例如,B.B.霍多特提出了"能量假说",该假说认为含瓦斯煤岩体的应力状态在短时间内发生变化,煤的变形潜能和瓦斯能量引发了煤与瓦斯突出[3]。能量假说理论运用弹性力学的方法系统地阐述了煤与瓦斯突出演变全过程[4],并以试验为基础推导出煤与瓦斯突出发生条件的数学公式,即

$$W + \lambda = A \tag{1-1}$$

式中　　W——含瓦斯煤体的弹性势能,J;

　　　　λ——瓦斯的膨胀能,J;

　　　　A——煤体从碎裂到出现突出特征粉煤的能量,J。

D.Rudakov 等[5]认为煤与瓦斯突出的主要影响因素是煤体中有机物释放的气体,这些气体在外部因素的影响下使煤的性质发生变化,从而形成突出灾害。此外,其建立了煤体中气体流动的数值模型,该模型对突出起始时间、气体质量等的评估结果与现场测量结果基本一致。苏联学者 Nekrasovski 最早在 20 世纪 50 年代便提出了综合作用假说,其综合考虑了煤与瓦斯突出动力及阻力方面的影响因素,认为地应力和瓦斯压力的共同作用导致了煤与瓦斯突出。在此之后,斯科钦斯基对该假说进行了补充,做了更为详细的描述,认为突出是多种因素影响的结果,其中影响因素包括煤层应力、瓦斯压力、煤的物理力学性质等。

V.N.Odintsev 等[6]对瓦斯气体在煤体破裂前后的作用进行了研究,考虑了煤矿开采过程中的煤层爆炸产生的气体压力对煤与瓦斯突出的影响,这为制定煤与

瓦斯突出预防措施提供了参考。F.Ji[7]根据实际地质条件分析了首尔某矿区瓦斯灾害的特征,认为造成煤与瓦斯突出的主要原因是较高的地应力和结构应力。M.B.Wold 等[8]提出了 CSIRO 突出模型,在综合考虑煤与瓦斯突出过程释放的碎煤粉末和瓦斯气体气固两相流作用的基础上,归纳得出包括瓦斯压力、地应力和煤体强度 3 种致突因素之间的作用关系,如图 1-1 所示。

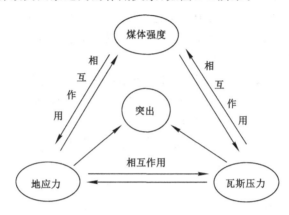

图 1-1 综合作用假说

我国学者利用现场分析、力学机制解释对煤与瓦斯突出机理进行了研究探索,提出了许多种突出机理假说,包括"流变假说""球壳失稳假说""固流耦合失稳理论"等[9],为突出的防治提供了理论基础。

高魁等[10]提出了煤与瓦斯突出机理的分类研究构想,在充分考虑煤体构造类型和外力扰动条件下,对不同作业方式扰动下的构造带和非构造带突出机理进行了研究,建立了爆破扰动煤岩突出的物理模型,并以该模型为基础分析了爆破扰动引发的煤与瓦斯突出不同阶段的特征,阐述了煤与瓦斯突出的发生原因和具体过程。

师皓宇等[11]从能量理论的角度论述了瓦斯势能、煤壁释放应变能和突出动能三者之间的关系,认为瓦斯能量释放值与煤层瓦斯含量和瓦斯压力呈正相关关系。当煤层内的高压瓦斯受到采动影响而失稳后,会形成大面积的塑性区,瓦斯气体迅速膨胀解吸并破坏煤体,造成突出。此外,他们利用理想气体状态方程推导出瓦斯体积变化做功方程,根据煤层前方区域的应力分布情况推演采掘作业前后煤岩体能量释放机理,并提出钻孔卸压、瓦斯抽放、矿压控制等煤与瓦斯突出预防措施。

徐涛等[12]建立了瓦斯煤岩体突出过程的气固耦合数值模拟模型,通过对石门揭煤所导致的煤与瓦斯突出进行模拟,复原了煤岩体在地应力、瓦斯压力和煤体性质等因素的影响下,煤与瓦斯突出裂缝发展的全过程。

罗明坤等[13]提出了"地质动力系统机理",指出含瓦斯煤体是煤与瓦斯突出的物质基础和前提条件,地质动力是影响突出发生的重要因素,采掘扰动是突出发生的动力基础。

王启飞[14]对采掘工作面的突出力学启动机理进行了理论分析、数值模拟和现场应用研究,揭示了煤层应力与采掘条件之间的关系,提出了巷道开挖过程中煤岩动力灾害危险程度的评估指标及计算公式。

王继仁等[15]提出了煤与瓦斯突出的"微观机理",通过引入量子力学理论和量子计算方法得到了煤与瓦斯的物理吸附能量值。他们认为,当煤体瓦斯吸收煤岩体破裂过程中产生的电磁波时,瓦斯由吸附态转变为游离态脱离煤体,从而引起煤与瓦斯突出。

马延崑[16]从煤层的微观结构出发,构建了含瓦斯煤岩体在失稳状态下的内部裂隙破坏模型,通过试验模拟和突出实例进一步分析了煤与瓦斯突出的微观机理,阐述了因煤体内部微观结构破坏而引发突出灾害的全过程。

林柏泉等[17]认为煤与瓦斯突出除了受地应力、瓦斯压力、煤体性质3个因素影响之外,还受卸压区宽度影响。由于工作面前方存在卸压区,即使远离采掘工作面的煤体存在高应力、高瓦斯浓度的突出危险区域,也不会发生突出。适当的卸压区宽度可以有效抑制煤与瓦斯突出事故的发生。

蒋承林等[18]提出了煤与瓦斯突出"球壳失稳假说"。该理论认为,在煤与瓦斯突出过程中,煤体形成的球盖状煤壳首先会被地应力破坏,随着煤层内部游离态瓦斯和吸附态瓦斯的解吸释放,煤体裂缝扩张,促使煤壳进一步失稳破坏并最终被抛入巷道空间。

刘志伟等[19]认为地应力是煤与瓦斯突出的主要动力条件。煤岩体由于受到采掘作用,原本的应力平衡状态被打破,从而导致煤层内部的应力场重新分布,出现了支承压力,并形成新的采动应力场。产生的支承压力峰值及其作用范围对煤与瓦斯突出的发生有重要影响。

王焯等[20]根据流体力学原理,分析了煤层内的瓦斯压力及瓦斯流速受煤层压强波的影响规律。煤层内部裂隙中的瓦斯与孔隙中的瓦斯在瓦斯气体压力的变化下形成压力差,随着压力差的增大,孔隙中的瓦斯解吸,导致瓦斯压力升高,继而扩张裂隙,最终导致突出。

综上所述,目前有关煤与瓦斯突出机理的研究多侧重在瓦斯压力、地应力、煤体性质3个方面在时空耦合下的演变过程,并且不断地推陈出新,获得新的成果,为煤矿安全生产,采取合理的防突措施提供了大量的理论依据,对煤与瓦斯突出动力灾害防治具有重要意义。

1.2.2　煤与瓦斯突出预测研究现状

就目前的研究现状来看,按照煤与瓦斯突出预测预报范围和时间的不同,国外将其预测方法分为三类:① 区域性预测,它主要是确定煤田、井田、煤层和采掘区域的煤与瓦斯突出危险性;② 局部预测,它是在区域性预测的基础上,根据钻探或物探、采掘工程资料等,进一步对局部地区的突出危险性做出评价;③ 日常预测,它是在区域性预测、局部预测的基础上,根据煤与瓦斯突出预兆的各种异常效应对煤与瓦斯突出危险性发出警报[21]。近年来,计算机技术的发展提高了计算的速度和精度,使煤与瓦斯突出的预测更加及时和准确。

另外,国外在不断完善煤与瓦斯突出跟踪预测的基础上,开展了煤与瓦斯突出动态预测技术和危险区域预测技术的研究。例如,俄罗斯建立了区域预测预报系统,将煤与瓦斯突出煤层划分为突出危险区(占突出煤层面积的 20%～30%)和非突出危险区(占突出煤层面积的 70%～80%),从而解放了大部分煤层,降低了防突工作量;德国应用 V_{30} 等瓦斯涌出动态参数连续预报煤与瓦斯突出,并针对不同煤与瓦斯突出煤层研究了配套的防突措施及装备;苏联建立了较为完善的煤与瓦斯突出危险性预测体系,研究出石门揭煤处预测煤与瓦斯突出危险性的指标。

我国将煤与瓦斯突出危险性预测方法分为区域突出危险性预测和工作面预测两大类。区域突出危险性预测简称区域性预测,多以瓦斯地质动力、现场测定的瓦斯压力及实验室测定的煤的突出倾向性参数、采掘集中应力等为判断突出危险性和划分突出危险性的主要指标,用于预测煤层和煤层区域(包括井田、新水平和新采区)的突出危险性,并在地震勘探、新井建设、新水平和新采区开拓时采用。工作面预测也叫点预测、日常预测,主要以地应力、瓦斯与煤(岩)物理力学性质的分布状态为判断依据;用于工作面煤(岩)层的煤与瓦斯突出危险性预测,它包括石门揭煤、煤巷掘进和采煤工作面的煤与瓦斯突出危险性预测。我国自 1950 年发生第一次有记载的煤与瓦斯突出以来,开展了大量关于煤与瓦斯突出预测方面的研究,形成了一套集合理部署、突出危险性预测预报、防突技术措施、防突措施效果检验、安全防护措施于一体的综合防突措施技术管理体系,在煤与瓦斯突出综合防治技术方面接近或达到世界先进水平。

日常预测又可分为静态(不连续)预测和动态(连续)预测。静态预测是从现场工作面含瓦斯煤体中提取煤体或瓦斯在某一时刻的某种量化指标而确定突出危险性的方法。动态预测是通过动态连续性地监测能够综合反映含瓦斯煤体所处应力状态的某种指标而确定工作面附近煤层危险性的方法[22]。

(1) 静态(不连续)预测

目前,世界各国普遍采用的煤与瓦斯突出预测方法多为以瓦斯参数为主的接触式静态预测。静态预测的指标是含瓦斯煤体的性质及其赋存条件的某些量化指标。这些指标主要包括瓦斯指标、煤层性质指标、地应力指标或它们的综合指标。静态预测主要采用的具体方法如下所述。

① D、K 综合指标法

煤炭科学研究总院抚顺研究院与一些突出矿井合作,根据我国十余个矿区的煤与瓦斯突出煤层资料,提出了 D、K 综合指标法。综合指标 D、K 的计算公式为式(1-2)、式(1-3)。其临界值见表 1-1。

$$D = \left(0.007\,5\,\frac{H}{f} - 3\right)(p - 0.74) \tag{1-2}$$

$$K = \frac{\Delta p}{f} \tag{1-3}$$

式中　H——煤层开采深度,m;

　　　p——煤层瓦斯压力,取两个测压钻孔实测瓦斯压力的最大值,MPa;

　　　Δp——煤层软分层的瓦斯放散初速度,mL/s;

　　　f——煤层软分层的平均坚固性系数。

表 1-1　采用综合指标 D 和 K 预测煤层突出危险性

D	K		煤层突出危险性
	无烟煤	其他煤种	
<0.25			无突出危险性
$\geqslant 0.25$	<20	<15	无突出危险性
$\geqslant 0.25$	$\geqslant 20$	$\geqslant 15$	突出危险性

② R 指标法

R 指标法指根据不同矿井钻孔瓦斯涌出初速度 q 和钻屑量 S 计算得出指标 R 的方法[23]。R 指标法是苏联的科研单位于 1969 年提出的,1970—1974年在库兹巴斯、沃尔库特和帕尔占斯克等煤田进行了工业试验。采用该方法进行预测的操作要求为:在工作面打 2 个长 5 500~6 500 mm、半径 21 mm 的钻孔;2 个钻孔分别打在与巷道掘进方向平行的巷道中部和距离巷道外边缘线 2 000~4 000 mm 的位置,并且打在煤层的松软区;每打 1 m 钻孔测定一次 q 和 S;测量 q 时的测量室长度为 1 m。指标 R_1 和 R_2 的计算公式为:

$$R_1 = (S_{max} - 1.8)(q_{max} - 4) \tag{1-4}$$

$$R_2 = S_{max} + 4.5q_{max} \tag{1-5}$$

式中　S_{max}——每个钻孔沿孔长钻屑量的最大值，L/m；

　　　q_{max}——每个钻孔瓦斯涌出初速度的最大值，L/m。

③ 钻孔瓦斯涌出初速度法

该方法是苏联运用最广泛的日常预测法。钻孔瓦斯涌出初速度是一个能够反映煤体物理力学性质、煤层瓦斯含量和应力状态的综合指标。

采用该方法进行预测的操作要求为：在距离掘进工作面两边 500 mm 的地方，分别打一个平行于巷道掘进方向、半径为 21 mm、长为 3 500 mm 的钻孔，然后在保证测量室长度为 500 mm 的情况下用充气式胶囊封孔器封孔，最后测定钻孔瓦斯涌出初速度 q（一般采用 TWY 型突出危险预测仪或其他型号的流量计测量），整个操作过程时间不应超过 2 min，以避免时间过长导致瓦斯放散过多，测量不准确。该方法最大的缺点是每次预测的钻孔长度较小，预测次数多，耗时、耗力。因此，我国部分矿井将钻孔长度增大到 6 000～10 000 mm，封孔后测量室长度不变，仍为 500 mm，根据分段测量结果进行预测。

④ 钻屑量和钻屑倍率法

钻屑量 S 指每钻进 1 m 钻孔所产出钻屑量的最大值，是反映煤层应力状况的一个有效指标。测定钻屑量的方法为利用直径为 42 mm 的钻孔，每钻进 1 m 钻孔后，收集全部钻屑，然后用弹簧称重即可得出 S 值。

钻屑倍率被认为是反映地应力大小的一个有效指标，首先由德国学者 Noack 等提出并得到了广泛的应用。在我国，煤炭科学研究总院抚顺研究院对钻屑倍率进行了研究。结果表明，钻屑倍率 n 可作为突出预测指标，当 n 大于 4 时有煤与瓦斯突出危险。

⑤ 钻屑综合指标法

该方法通过综合考虑每钻进 1 m 钻孔最大钻屑量 S、钻屑瓦斯解吸指数 K_1、钻屑瓦斯解吸衰减系数 C 和启动解吸仪 2 min 时的解吸仪读数 Δh_2，来预测工作面的煤与瓦斯突出危险性。

采用该方法时，要求在工作面的倾斜煤层和急倾斜煤层打 2 个或在工作面的缓倾斜煤层打 3 个钻孔，钻孔半径为 21 mm、长 6 000～10 000 mm。每打 1 m 钻孔测定一次钻屑量，每打 2 m 钻孔测定一次钻屑瓦斯解吸指数，最后根据 S 和 K_1 或 Δh_2 来判断突出危险性。

上文所述的静态工作面突出危险性预测方法都是通过钻孔来实现的，因此又可称为静态的钻孔法。静态法打钻及其参数测定需占用作业时间和空间，工程量较大，预测作业时间较长，所需费用也较高，对生产有一定的影响，并且这种静态法的准确性也不是很高，易受人工影响。究其原因，煤层或煤体内的瓦斯并不是均匀分布的,也不是稳定的。在钻孔附近取得的预测结果具有局限性,并不能完全代表整个预测步长范围内的突出危险性,在预测时刻取得的结果也只是静态的,并不能完全代表煤体稳定前整个时期内的突出危险性,因为煤体处于动态变化之中,有可能发生延期突出。因此,动态连续预测的研究正日益引起人们的重视。

（2）动态(连续)预测

目前,煤与瓦斯突出的动态(连续)预测主要通过下述 3 种监测技术实现。

① 瓦斯涌出动态监测技术

大量的煤矿生产实践和科学研究表明,在绝大部分突出事件发生前,工作面的瓦斯涌出量已经发生了变化。H.埃克尔等[24]认为,在瓦斯突出危险区,冲击地压发生前,煤体内瓦斯会间歇性地涌出。马雷舍夫等[25]认为,在煤巷炮落式掘进过程中,冲击和震动导致煤体破坏并产生了大量裂隙,煤层深部瓦斯涌出[25]。工作面瓦斯涌出量的变化表明,巷道前方煤体处于失稳状态且受到较高地应力的作用。苏文叔[26]通过现场考查也认为,瓦斯涌出量的动态变化与工作面前方煤体的突出危险性具有较好的一致性,瓦斯涌出量的动态变化是突出危险的前兆信息。与突出预警现有方法相比,瓦斯涌出动态监测技术可提高突出预警的可靠性、连续性和实时性。

20 世纪 60 年代,日本学者先后研究了突出前后风流中瓦斯涌出量的变化特征,以及爆破前后风流中瓦斯的浓度变化与突出危险性的关系,提出了爆破后 30 min 的瓦斯涌出量指标,分析了爆破后瓦斯浓度的变化曲线,得出了巷道瓦斯涌出量变化与地质条件密切相关的结论。法国和比利时学者利用爆破后的瓦斯浓度进行了煤与瓦斯预测实验。结果表明,爆破后 30 min 内按每吨破碎煤量折算的瓦斯涌出量进行预测,该值为 4 m^3/t 以下时煤层无突出危险[27]。德国学者提出了爆破后 30 min 内吨煤瓦斯放散总量与可解析量比值这个指标,认为爆破后瓦斯浓度的变化与瓦斯含量、煤的瓦斯解吸特性、煤壁瓦斯涌出特征有关,当有突出危险时,煤壁瓦斯涌出量大于正常情况下的煤壁瓦斯涌出量。

煤炭科学研究总院重庆研究院和抚顺研究院利用 WTC 瓦斯突出参数仪和矿井环境监测系统,对煤巷掘进工作面瓦斯动态涌出量进行连续观测和分析。结果表明,当爆破后 30 min 内吨煤瓦斯涌出量 $V_{30} \geqslant 4$ m^3/t 时工作面有突出危险。冷峰、包庆林[28]基于煤与瓦斯突出流变机理,确定了盘江煤电金佳矿 7 号煤层掘进工作面爆破后瓦斯涌出动态指标 V_{30} 的突出临界值为 6 m^3/t。"十五"期间,煤炭科学研究总院抚顺研究院与淮南矿业集团合作进行了瓦斯涌出动态监测技术的研究,成功研制出 TC-1 型煤与瓦斯突出连续监测仪,并通过该仪器对典型掘进工作面的瓦斯涌出量进行了实测与分析,得出了瓦斯涌出量动态变化与突出危险性之间的关系,建立了煤巷掘进爆破后 30 min 内的吨煤瓦斯动态涌出指标。

② 声发射技术

材料在受到外力作用时,由于内部结构的不均匀性及各种缺陷的存在,各部分承受的应力大小不同,容易产生应力集中和能量积聚。当材料不足以抵抗应力集中作用时便会产生变形破裂,积聚的能量以弹性波的形式向外释放,从而产生声发射现象,其本质上是弹性应变能的释放过程。煤岩破裂声发射监测技术就是一种利用声发射信号接收仪采集煤岩变形破裂过程产生的声发射信号,并根据信号特征定位破裂源,从而判断煤岩体失稳破坏倾向性的技术[29]。

1950 年,J.Kaiser 发现在材料变形破裂过程中声发射信号具有不可逆的特性,即声发射仅在材料第一次加载过程中产生,在材料二次加载期间,当施加载荷大于先前所加应力时才会产生声发射信号,这就是 Kaiser 效应。20 世纪 70 年代初,Dunegan 将声发射测试频率的范围提高到了 100 kHz~1 MHz,极大地滤除了背景干扰噪声,为声发射技术的现场应用创造了条件[30]。20 世纪 70~80 年代初,人们对声发射机制、波的传播以及声发射信号分析等进行了系统的研究。自 20 世纪 80 年代后期至今,研究人员主要侧重于声发射技术的应用研究以及相关仪器的研制。

在声发射技术应用方面,早在 20 世纪 40 年代初,美国就已利用声发射技术监测了金属矿井的岩爆过程。20 世纪 60~70 年代,波兰、瑞典、加拿大等国家也相继开发了单通道和多通道掩体声发射检测仪,并将其应用于矿井地压活动和局部岩体垮落的预测预报。加拿大的研究人员利用研制的多种声发射监测系统预测岩爆[31-33]。法国的研究人员也进行了声发射方面的研究工作[34]。我国此方面的研究工作起步较晚,王建军[35]对岩石声发射活动 Kaiser 效应的影响因素及其在地应力测量中的应用进行了研究。"八五""九五"期间,煤炭科学研究总院重庆研究院和抚顺研究院进行了声发射法预测煤与瓦斯突出的基础理论及应用研究,研究成果在现场得到了初步应用。此后,王恩元等[36]对受载煤体破裂过程中的声发射信号进行了测定及分析。研究结果表明,受载煤岩体的变形破裂及声发射信号并不连续,而是阵发性的。徐涛等[37]利用 RFPA 岩石力学数值模拟软件对孔隙压力作用下煤岩的变形强度进行了研究;邹银辉[38]利用煤岩损伤理论,推导出了煤岩破坏过程声发射的理论模型;郭德勇和韩德馨[39]提出了煤与瓦斯突出黏滑失稳机制,并研究了黏滑失稳过程中伴生的声发射(AE)等物理现象。

③ 电磁辐射技术

煤岩体同其他材料一样,都是由电子、原子等基本粒子组成的。当煤岩体受载变形破裂时,电子等带电粒子的变速运动过程会向外辐射电磁波,这就是电磁辐射现象[22]。通过监测煤岩体电磁辐射相关参数即可对煤岩体内部的变形破裂程度作出判断,从而进行煤与瓦斯突出危险性的预测。

电磁辐射技术在煤岩动力灾害预测方面的研究起步较晚。V.I.Frid 等[40-42]结合实际,利用点频为 100 kHz 的天线测定了不同采矿条件下的电磁辐射相关参数,采用电磁辐射脉冲数作为评价突出危险性指标,认为电磁辐射方法可以用于煤与瓦斯突出预测。国内学者何学秋和刘明举[43-44]首次通过试验研究证明,煤岩在受载变形破裂过程中有电磁辐射产生,煤体内的孔隙和气体影响电磁辐射的产生。中国矿业大学电磁辐射课题组王恩元、聂百胜、王先义、撒占友、王云海以及魏建平[45-50]对煤岩破裂过程的电磁辐射展开了深入的理论和试验研究。经过长期研究,何学秋等[51-53]研发了煤岩动力灾害电磁辐射监测仪及其配套软件,构建了煤岩动力灾害电磁辐射在线监测系统,并已成功应用于煤与瓦斯突出和冲击地压预测预报。马国强、陆智斐[54-55]成功研制了声电瓦斯突出监测系统及预警技术,并将其应用于突出矿井。

综上所述,瓦斯涌出变化量主要反映工作面前方煤体内的瓦斯状况,不能直接反映煤体的地应力状态及破坏情况,因此其作为突出预测指标具有较强的主观性。声发射法和电磁辐射法是很有发展前途的连续预测方法,这两种方法属于地球物理方法,是近几年才发展起来的预测预报煤岩动力灾害的方法。声发射和电磁辐射是突出这一不可逆能量耗散过程中两种重要的能量耗散形式,对它们做深入细致的研究是认识突出过程的重要技术手段。

1.3 本书主要内容

目前,世界各主要采煤国家都投入了大量的人力、物力对煤与瓦斯突出预测技术进行广泛而深入的研究,取得了丰硕的研究成果。这些研究成果得到了广泛的推广应用,给突出矿井带来了良好的社会效益和经济效益,但仍存在一些问题,主要表现为:不论是单一指标法,还是综合指标法,它们都属于静态预测。静态预测的指标大都是经验值,不能从理论上较好地确定煤与瓦斯突出的临界值,指标的可靠程度取决于试验数据的多少、范围和代表性。因此,静态预测易受煤体和应力分布不均匀等因素的影响,预测的准确率难以提高,且工作效率低,不能满足矿井生产的实际需要。非接触式连续预测技术是比较有发展前途的预测方法。

运用电磁辐射技术进行煤与瓦斯突出非接触式连续动态预测是一个广泛研究的课题。相比之下,利用声发射信号进行煤与瓦斯突出预测的研究则比较少。

为了实现利用声发射信号进行煤与瓦斯突出的非接触式动态预测,本书做了一些前期的工作——声发射信号提取技术的研究。

本书内容主要包括以下 4 个部分:

(1) 阐述了煤与瓦斯突出的基础理论,分析了突出机理及其发生过程,为利用声发射信号进行煤与瓦斯突出预测提供理论依据。

(2) 从理论、试验和实践方面提出了利用煤体声发射信号进行煤与瓦斯突出预测的可行性及预测时所面临的主要困难。在分析煤体声发射信号波形和频谱特征的基础上,讨论现有分析方法的优缺点,并提出从含有噪声的煤体声发射信号提取有价值信息应满足的条件。

(3) 针对声发射信号的特点,引入小波分析理论作为提取和处理非平稳信号的数学工具,然后从工程应用的角度研究了小波分析用于声发射信号去噪处理的优越性和具体的去噪算法。

(4) 根据煤体声发射信号的特征,运用小波分析方法研究了阈值去噪法和基于模极大值去噪法,随后对去噪方法进行仿真,验证了该判别方法的有效性。

2 煤与瓦斯突出基础理论

在漫长的地质年代演变过程中,成煤作用产生了大量的气体,其中一部分气体逸散到大气中,另一部分则保留在煤层中。瓦斯的产生过程为煤体独特的孔、裂隙结构的生成提供了条件。孔隙是吸附态瓦斯的赋存场所,吸附态瓦斯以扩散形式在孔隙中流动。煤的吸附能力与温度、水、压力等因素有关,根据煤吸附能力的大小可以推测出解析的瓦斯含量高低,从而提高煤层气的开采率,减少煤与瓦斯突出灾害的发生。

煤与瓦斯突出机理非常复杂,尤其是随着开采深度、强度、速度和规模的增大,影响煤与瓦斯突出的因素众多。为了提高突出预测的准确性,就需要对突出发生的机理、过程和一般规律进行研究,分析突出发生的影响因素,为寻找煤与瓦斯突出预测新方法提供理论基础。

2.1 煤体的物理力学性质

煤是一种具有孔隙、裂隙结构的多孔介质。煤的孔隙结构为瓦斯的赋存提供场所,煤中的瓦斯以吸附、游离状态存在。游离态瓦斯和吸附态瓦斯在外界条件不变的情况下存在不断交换的动态平衡状态。但当受到开采活动的影响时,煤体自身的孔隙结构与渗透性质都将随煤体变形而发生变化,从而影响瓦斯的运移状况。煤的力学性能随瓦斯压力的改变而变化,比如煤体强度随瓦斯压力的升高而降低。这些特殊结构和力学性能的改变将对煤与瓦斯突出产生十分重要的影响。

2.1.1 煤的孔隙、裂隙结构特征

通过电子显微镜可以清楚地看到,煤体内有许多微小气孔。这些气孔是在成煤过程中形成的,构成了煤层的孔隙结构。煤体中的孔隙有多种分类方法,不过最为普遍的分类方法是按孔径进行分类的,即

(1) 孔径小于 10^{-5} mm 的孔隙属于微孔。

(2) 孔径为 $10^{-5}\sim10^{-4}$ mm 的孔隙属于小孔。

(3) 孔径为 $10^{-4} \sim 10^{-3}$ mm 的孔隙属于中孔。

(4) 孔径为 $10^{-3} \sim 10^{-1}$ mm 的孔隙属于大孔。

(5) 孔径大于 10^{-1} mm 的孔隙属于可见孔。

煤是一种多孔性有机质岩石,对温度、压力极其敏感。在成煤过程中,随着埋深的增大,在温度和压力的作用下,随着时间的推移,泥炭层在经历压实、成岩和变质作用后形成了不同煤级的煤,煤中的孔隙也相应地发生了有规律的变化。一般来说,随着煤级的提高,煤中的总孔隙体积呈指数函数下降[56],主要原因是在成煤过程中,在温度、压力的作用下,煤中各类孔隙的孔径,尤其是大孔和中孔的孔径迅速减小。因而,随着煤级或煤化程度的提高,煤中的微孔和小孔增多,大孔和中孔减少。

煤的孔隙结构特征受多种因素的影响,不同的煤阶、硬度和应力等均会导致孔隙结构存在差异,而原生结构相同的孔隙在应力和瓦斯压力的作用下,其孔径会发生一定的变化。此外,煤田地质历史上的构造运动会对煤的孔隙结构进行改造,井下采掘活动会产生次生裂隙。这些因素导致煤的孔隙结构呈现多样性。

煤的多孔程度用孔隙率 n 来衡量。煤的孔隙率是孔隙的总体积与煤的总体积的比值,其计算公式如下[57]:

$$n = \frac{V_1}{V} = \frac{d - \gamma}{d} \tag{2-1}$$

式中　V_1——孔隙的总体积,cm³;

V——煤的总体积,cm³;

d——煤的真密度,g/cm³;

γ——煤的视密度,g/cm³。

孔隙率是决定煤的吸附性能、渗透性能和强度的重要因素,也是决定游离态瓦斯含量的主要因素之一。通过对孔隙率和瓦斯压力的测定,可以计算出煤层中游离态瓦斯含量。此外,孔隙率的大小与煤中瓦斯流动情况有密切关系。从宏观上而言,煤的孔隙率越大,煤中的孔隙和裂隙就发育得越好,煤的内表面积就越大。

煤中的裂隙是煤受各种应力作用产生的破裂形迹。煤层的节理、层理以及裂隙构成了煤层的裂隙系统。裂隙系统同样是在成煤过程中形成的。在地质构造运动的过程中,煤层受到强大构造应力的挤压而破碎,形成了裂隙系统。

煤层裂隙按形成时期不同可分为内生裂隙、外生裂隙和继承性裂隙。

(1) 内生裂隙指煤体受到内部作用(如煤化作用等)而形成的裂隙。内生裂隙是影响煤层渗透率的一个重要因素。

(2) 外生裂隙指煤体受到外部作用而形成的裂隙。外生裂隙的间距较大,在相同的构造条件下,一般瘦煤、焦煤的外生裂隙发育得较好。

（3）次生裂隙指人类活动对煤体影响所产生的新生裂隙。

影响煤的孔隙、裂隙结构特征的因素[58]主要为:

（1）煤的变质程度或煤级。煤的变质程度不同,形成的煤级不同,煤中孔隙和裂隙的发育规律不同。在煤级相近时,孔隙、裂隙的发育程度受控于其内部物质构成。

（2）煤岩类型。它是煤中孔隙和裂隙发育的宏观物质基础,煤岩类型不同,煤中孔隙、裂隙的发育程度不同。在微观上,孔隙和裂隙的发育与煤岩的显微组分及其含量密切相关。

（3）煤相。它可能是影响煤中孔隙、裂隙发育的基础条件。众所周知,煤是古代植物遗体在一定的沼泽环境中聚集,经成岩变质作用形成的。因此,沼泽环境不同,成煤物质就会有所不同。即使相同的成煤植物,在泥炭化过程中泥炭沼泽环境的差异也会导致煤的最终物质组成有所不同。

（4）岩浆热变质作用。在深成变质作用的基础上,适当地叠加岩浆热变质作用对煤中内生裂隙进一步发展、突破煤岩成分条带的限制、增加煤储层的透气性是十分有利的。

2.1.2　煤的吸附性能和解吸性能

根据实验室和现场测定,煤体内瓦斯的赋存状态一般有游离态和吸附态两种形式。近年来,随着分析测试技术的迅速发展,国内外学者利用射线、衍射分析等相关技术对煤体分析后得出结论,煤体内瓦斯赋存状态不仅有以上两种形式,还有瓦斯的固溶体状态和液态等,但总体来说,游离态的瓦斯和吸附态的瓦斯占绝大多数。通常情况下游离态的瓦斯含量约为 $10\%\sim20\%$,吸附态的瓦斯含量约为 $80\%\sim90\%$,故煤体内的瓦斯整体所表现出来的特征仍是吸附态瓦斯和游离态瓦斯的特征。

游离状态也叫自由状态。游离态的瓦斯以自由气体的形式存在于煤体和岩石的孔隙和裂隙中,并遵循气体从压力大的地方向压力小的地方移动的一般规律。游离态瓦斯含量的大小主要取决于煤体孔隙率、裂隙率及其所承受的瓦斯压力。吸附态瓦斯附着在煤体表面及结构内部。这种吸附是瓦斯分子和碳分子间相互吸引的结果,属于物理吸附,并且可逆。煤中除表面存在吸附状态的瓦斯外,还存在吸收状态的瓦斯。瓦斯的吸收状态指瓦斯分子进入煤的微孔、分子晶格中形成的固溶体状态。吸收与吸附的宏观差别仅在于前者的平衡时间较长,吸收时吸附体的膨胀变形量较大。煤对瓦斯的吸附和吸收不易区别,在矿井瓦斯研究中,一般把吸收与吸附归为一类。煤的吸附瓦斯量取决于煤对瓦斯的吸附能力,而煤吸附能力又取决于煤的孔隙结构特点、瓦斯压力、煤的温度和湿度等。煤的吸附瓦斯量与瓦斯压力的关系符合朗格缪尔方程,即

$$W = \frac{abp}{1 + bp} \qquad (2\text{-}2)$$

式中　W——在某一温度下,煤的吸附瓦斯量,cm^3/g;

　　　p——吸附平衡时的瓦斯压力,MPa;

　　　a——在测定温度下,煤的吸附瓦斯量最大值,cm^3/g;

　　　b——吸附常数,1/MPa。

由式(2-2)可知,在一定温度下,随着瓦斯压力的升高,煤的吸附瓦斯量增大,但增长率逐渐变小;当瓦斯压力无限增大时,煤的吸附瓦斯量趋于某一极限值。

在同一瓦斯压力条件下,煤的吸附瓦斯量随煤温度的升高而降低。因为当煤温度升高时,瓦斯分子获得较大的动能,停留在微孔表面上的时间要缩短,所以导致吸附瓦斯量降低。

煤体的含水量也是影响瓦斯吸附、解吸能力的主要因素。这一方面是因为煤体中的水分子会与煤结合,挤占了煤体的一部分表面,导致吸附的瓦斯相对减少,吸附能力降低;另一方面,水是极性分子这一特征使其吸附在煤体导致瓦斯的解吸能力降低。

吸附态瓦斯不能自由运动,在大的裂隙、断层、孔洞和砂岩内,瓦斯则主要以游离状态赋存。当在井下掘进巷道或进行钻孔施工时,原来的应力平衡受到破坏,在工作面或钻孔周围形成应力集中,产生细微裂隙,导致煤层渗透性发生变化,透气性增强,压力开始下降。当煤储层压力降至临界解吸压力以下时,煤层瓦斯即开始解吸,瓦斯赋存状态由吸附状态转为游离状态。

图 2-1 为煤体瓦斯赋存状态示意图。由图可知,游离状态的瓦斯占大多数,裂隙为游离状态的瓦斯提供了运移通道。

图 2-2 为煤体内瓦斯扩散示意图。研究表明,煤体内的瓦斯有 90% 以上是吸附在煤内表面的,只有不到 10% 是游离状态的。

游离态瓦斯分子和吸附态瓦斯分子在外界条件不变的情况下存在不断交换的动态平衡状态。但是,当煤体受到外界的冲击和振荡或者温度和瓦斯压力发生变化时,这种动态平衡状态就会被破坏,产生新的动态平衡状态。因此可以认为,由于游离态瓦斯分子和吸附态瓦斯分子不断地变换,在缓慢的瓦斯流动过程中,不存在游离态瓦斯容易放散、吸附态瓦斯不容易放散的情况。在煤与瓦斯突出持续的短暂时间内,原来的动态平衡状态被打破,游离态瓦斯首先放散,然后吸附态瓦斯迅速加以补充,从而形成新的动态平衡状态。

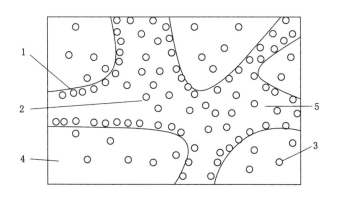

1—吸附态瓦斯;2—游离态瓦斯;3—吸收态瓦斯;4—煤体;5—裂隙。

图 2-1 煤体瓦斯赋存状态示意图

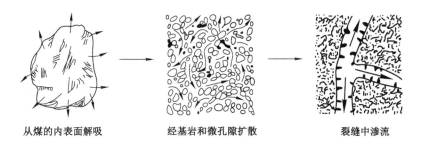

从煤的内表面解吸   经基岩和微孔隙扩散   裂缝中渗流

图 2-2 煤体内瓦斯扩散示意图

2.1.3 煤的渗透性

煤是一种多孔裂隙介质。煤的渗透性指气体或液体在一定的压力梯度下能在煤体内流动的性质。根据文献所述,煤的渗透性通常用渗透率来表达。煤的气体渗透率的计算公式为:

$$k = \frac{2Qp_0L\mu}{(p_1^2 - p_2^2)A} \qquad (2-3)$$

式中 k——渗透率,μm^2;

   Q——单位时间的流量,m^3/s;

   μ——气体黏度系数,$Pa \cdot s$;

   L——煤样长度,cm;

   p_0——测量点的大气压强,MPa;

   A——煤样横截面积,cm^2;

p_2——煤体出口处的气体压强,MPa;

p_1——煤体进口处的气体压强,MPa。

瓦斯在煤中的渗透性取决于孔隙结构,这是因为煤中的孔隙和裂隙构成了层流及紊流的混合渗透区,而这部分孔隙构成了渗透容积,它们在煤的总孔隙中所占的比例越大,则渗透性越好。

温度、地应力和瓦斯压力的综合作用导致了煤层孔隙扩展,改变了渗透率,从而影响煤层中瓦斯的运移,导致瓦斯积聚,局部瓦斯压力过大,进而诱发突出。此外,当煤承受机械荷载时,渗透率减小,且荷载越大,渗透率就会越小,这是孔隙和裂隙受压闭合造成的。瓦斯梯度压力越大,越有助于扩大煤体的裂隙,增大煤体的渗透率[59]。

2.1.4　煤的力学性质

煤的力学性质主要包括煤体弹性变形能力、塑性变形能力和强度。

煤在破坏前的变形是由弹性变形和塑性变形组成的,其中弹性变形是可逆的,而塑性变形是不可逆的。当煤的加载作用力足够大、作用时间足够长时,就会发生塑性变形。煤体由弹性变形转为塑性变形的分界点是加载作用力达到弹性极限,这在很大程度上取决于应力大小和应变速度。试验结果表明,在单向拉伸或压缩时,应力与应变的关系符合虎克定律,即

$$\varepsilon = \frac{\delta}{E} \tag{2-4}$$

式中　ε——应变;

δ——应力;

E——比例常数,也称弹性模量。

煤体的弹性模量随瓦斯压力的增大而减小。这一方面是因为煤体颗粒能吸附瓦斯,使其附着于煤体表面,从而减小表面张力,使煤体框架发生相对膨胀;另一方面,吸附的瓦斯分子增大了煤体颗粒之间的距离,从而使煤体颗粒之间的黏结力减小。煤的弹性模量随煤体层理面方向的不同而改变。由于煤具有各向异性,还具明显层理,平行于层理面方向的煤体弹性模量要比垂直于层理面方向的煤体小一些。此外,煤的弹性模量与应变种类和所加荷载的大小有关。当煤被拉伸时,煤体弹性模量随荷载的增大而减小;当煤被压缩时,煤体弹性模量随荷载的增大而增大。

煤体强度是煤体受外力作用时抵抗破碎的能力,包括抗拉强度和抗压强度。煤被拉伸时,抵抗拉伸变形的能力就是抗拉强度;煤被压缩时,抵抗压缩变形的能力就是抗压强度。

煤体强度随瓦斯压力的增大而降低。这主要是因为煤层中瓦斯主要以吸附、游离状态存在,一方面吸附状态的瓦斯减小了煤体内部裂隙表面的张力,使煤体骨架发生相对膨胀,导致煤体颗粒之间的作用力减小,被破坏时所需要的表面能减小;另一方面游离状态的瓦斯阻碍了裂隙的收缩,促进其扩展,减小了宏观裂缝面间的摩擦系数,致使煤体强度降低。煤体强度与应变类型也有很大关系,煤在被压缩时,煤体强度较大,在其他应变情况下,煤体强度不大。这主要是因为煤在被压缩时,煤的分子间相互作用力随荷载的增大而增大,抗压强度也相应增大。煤在被拉伸时,煤的分子间相互作用力随荷载的增大而减小,抗压强度也相应减小。

煤体强度与孔隙率的大小呈正相关关系,煤的孔隙率越大,煤体强度越小。突出煤层全部或大部分由裂隙和被大量薄弱面破坏的煤组成,或含有被大量裂隙严重破坏的软分层,故其强度较小,易于破碎。

2.2　瓦斯在煤层中的流动规律

在煤矿建设和生产过程中,煤层和围岩中的瓦斯会涌到生产空间,对井下的安全生产构成威胁。不同的煤层、不同的矿井,由于瓦斯赋存状况不同,煤与瓦斯突出所造成的危险程度也是不同的。只有了解瓦斯的基本性质和煤层瓦斯的赋存与流动状况,掌握瓦斯在煤层中的流动规律,才能为煤与瓦斯突出预测提供可靠的基础依据。

2.2.1　矿井瓦斯的概念及性质

矿井瓦斯是井下各种有害气体的总称,有狭义和广义之分。它的来源包括4类:① 在煤层与围岩内赋存并能涌入矿井中的气体;② 煤矿生产过程中产生的气体,例如爆破时产生的跑烟,内燃机运行时排放的废气,充电过程中生成的氢气等;③ 煤矿井下空气与煤、岩、矿物、支架和其他材料之间发生化学反应生成的气体等;④ 放射性物质蜕变过程中生成的或地下水放出的放射性惰性气体氡及惰性气体氦。由此可见,矿井瓦斯是一种复杂的混合气体且各种成分含量差别极大,不同地区的煤质、不同深度的煤层,产生的瓦斯成分也不相同。从安全的角度来看,根据瓦斯中气体成分的不同将瓦斯划分为以下 4 类:

(1)可燃性爆炸类气体

可燃性爆炸类气体指甲烷(CH_4)、CO、H_2、H_2S 等可燃性气体。这些气体具有可燃性,在一定浓度范围内与空气混合可引起爆炸,对煤矿安全构成非常严重的威胁。

（2）有毒性气体

有毒性气体指 H_2S、CO、SO_2、NH_3、NO、NO_2 等。这些气体如果浓度达到一定范围时,就会直接威胁人的健康甚至生命。

（3）窒息性气体

窒息性气体指 N_2、CH_4、CO_2、H_2 等。在开采过程中这些气体大量涌出并进入巷道中,从而使巷道中氧气的浓度降低,造成人员窒息。

（4）放射性气体

放射性气体主要指氡气（Rn）和氦气（He）。

由于矿井瓦斯主要来源于煤层,从煤层及其围岩涌出的瓦斯往往占瓦斯总量的 90% 以上,因此,矿井瓦斯是主要的危险因素。从狭义角度来看,矿井瓦斯通常指甲烷。它是碳和氢经化学反应生成的一种气体。矿井瓦斯是一种无色、无味、无臭的气体,只能依靠专用的仪器才能检测到。瓦斯密度比空气的小,在标准状况下每立方米的瓦斯质量为 0.716 kg,只有空气密度的一半多,容易积存在巷道的顶部或掘进上山工作面的迎头上,因此,在检查瓦斯时,要在巷道和工作面顶部检查。

矿井瓦斯微溶于水,扩散性很强,扩散速度比空气大 1.6 倍,所以它能很快透过煤层或岩层扩散到巷道中。

矿井瓦斯没有毒,但不能供人呼吸。人是需要不断地吸入空气中的氧气来维持生命的,但是当空气中混有瓦斯时,会使空气中氧气的浓度降低,从而使人窒息、昏迷,甚至死亡。矿井里的瓦斯不断涌出,瓦斯含量越高,氧含量就越低,特别是在长期停工、停风的独头巷道,或不通风的旧巷道中,瓦斯含量升高以后,氧气含量下降,人们若贸然进入这些地方,就会因缺氧而死亡。所以,在井下不要到通风不良的巷道去,也不要进入钉有栅栏并挂有"禁止入内"标记的巷道,防止发生瓦斯窒息死亡事故。

瓦斯本身不助燃,但如遇到一定温度的火源就能燃烧或爆炸。瓦斯燃烧时产生淡蓝色的火焰。由于瓦斯能够燃烧或爆炸,所以它成为井下自然灾害之一。

2.2.2　瓦斯的产生

瓦斯是植物遗体在成煤过程中的伴生物,它与成煤作用密切相关。煤是由古代植物埋藏在地下经过复杂的生物化学和物理化学作用转变而成的。成煤的原始物质为植物。高等植物在成煤过程中首先形成腐殖质,进而形成腐殖煤,此过程产生的甲烷较多。低等植物在成煤过程中首先形成腐泥质,进而形成腐泥煤,此过程产生的甲烷相对较少。结合成煤过程,可以把瓦斯的生成时期划分为生物化学作用成气时期和煤化变质作用成气时期。

（1）生物化学作用成气时期

有机物质的分解是在微生物参与下发生的复杂生物化学过程。在这个阶段的早期，植物遗体暴露在空气中或处于沼泽浅部富氧的环境中，由于氧气和亲氧细菌的作用，植物遗体发生氧化和分解反应，产生的气体主要是 CO_2、NO 等。在这个阶段的晚期，由于地壳下降，沼泽水位上升和植物遗体堆积厚度的增大，使正在发生分解反应的植物遗体逐渐与空气隔绝，从而进入弱氧或缺氧环境。植物遗体在缺氧条件下，因厌氧细菌作用分解出甲烷、氢气等其他气体。

在生物化学作用成气时期，由于泥炭层埋深较小，覆盖层的胶结固化程度不够，生成的瓦斯容易通过渗透和扩散方式排放到大气中，所以生物化学作用生成的瓦斯一般不会保留在煤层内。此后，随着泥炭层的沉降，覆盖层厚度越来越大，成煤物质的温度升高，所受压力增大，生物化学作用逐渐减弱直至结束，泥炭转化为褐煤，并逐渐进入煤化作用阶段。

（2）煤化作用成气时期

在泥炭层形成之后，随着泥炭层的沉降，沉积环境由沼泽变为湖泊，泥炭层沉降到地下较深处。泥炭层经压缩后，碳含量升高，氧含量降低，腐殖酸含量降低，逐渐变成比较致密的褐煤。褐煤形成后，如果地壳继续沉降，褐煤在高温、高压作用下，内部分子结构发生变化，化学成分和物理性质也发生变化，于是褐煤进一步变成烟煤或无烟煤。褐煤层进一步沉降后，便进入煤化作用造气阶段。在压力和温度的作用下，煤大分子结构的侧链和官能团不断发生断裂、结合和脱落，生成 CO_2、CH_4、H_2O 等气体，详细的化学反应过程如下：

$$4C_{16}H_{18}O_5 \longrightarrow \underset{(褐煤)}{C_{57}H_{56}O_{10}} + 4CO_2 \uparrow + 3CH_4 \uparrow + 2H_2O$$

$$\underset{(褐煤)}{C_{57}H_{56}O_{10}} \longrightarrow \underset{(烟煤)}{C_{54}H_{42}O_5} + CO_2 \uparrow + 2CH_4 \uparrow + 3H_2O$$

$$\underset{(烟煤)}{C_{15}H_{14}O} \longrightarrow \underset{(无烟煤)}{C_{13}H_4} + 2CH_4 \uparrow + H_2O$$

由此可看出，生成的气态烃组分中以甲烷为主。从褐煤到无烟煤，煤体的变质程度越高，煤体内孔隙越多，生成的瓦斯也就越多。

2.2.3 瓦斯产生的影响因素及其分析

由于煤层中的瓦斯主要是成煤过程中的伴生物，所以瓦斯生成量与煤岩组分、煤化作用程度等有一定的关系。

（1）煤岩组分

从煤岩学角度看，煤层瓦斯的产生取决于成煤作用和煤岩组分。煤岩组分是组成煤的基本单元，可分为镜质组、惰质组和壳质组。在煤化作用同一阶段，相对惰质组而言，镜质组碳含量低，氢含量高，挥发分产率高，瓦斯生成量大。壳质组在整个成煤过程中都产生瓦斯,挥发分产率和烃产率最高,但是,它在煤中所占比例很小,作用不大。

实际资料证实,瓦斯吸附量随煤岩组分的不同而发生变化,如图 2-3 所示。

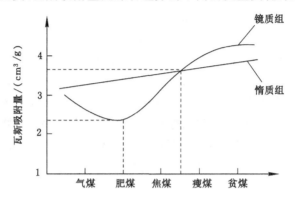

图 2-3 煤岩组分与瓦斯吸附量的关系

从图 2-3 可以看出,镜质组的瓦斯吸附量在肥煤阶段最小,肥煤阶段以前呈递减趋势,肥煤阶段以后呈递增趋势,并在焦煤阶段以后瘦煤阶段以前的某个阶段超过惰质组。肥煤阶段是镜质组瓦斯吸附量变化的一个转折点;惰质组的瓦斯吸附量随煤化作用程度的提高而呈直线缓慢增长。由此可得,在低变质作用阶段,煤体瓦斯吸附量的大小取决于惰质组所占的比例,即惰质组所占的比例越大,瓦斯吸附量就越大;在中等变质作用阶段,镜质组和惰质组所占比例的变化对瓦斯的吸附量影响不大;在高变质作用阶段,煤的瓦斯吸附量主要取决于镜质组所占的比例,即镜质组所占比例越大,瓦斯吸附量越大。

(2)煤化作用程度

成煤过程一直都有瓦斯产生,因此煤化作用程度越高,累积瓦斯生成量就越大。究其原因,随着煤化作用程度的提高,煤的气体渗透率下降,煤的储气能力提高,煤中微孔隙和超微孔隙所占比例提高,煤的吸附能力增强。

在成煤阶段初期,褐煤的结构疏松,孔隙率较大,该阶段瓦斯生成量较小且瓦斯不宜保存,所以瓦斯吸附量不大。在煤化作用过程中,由于地应力的作用,煤的孔隙率减小,煤质渐趋致密,如长焰煤,其孔隙率和比表面积都较小,所以吸附瓦斯的能力不强。随着煤化作用程度的提高,在高温、高压作用下,煤体内部因干馏作用而产生许多微孔隙,致使煤的比表面积在无烟煤时最大,因此,无烟煤吸附瓦斯的能力最强。之后,煤体内部的微孔隙减少,在石墨时孔隙率变为零,从而导致吸附瓦斯的能力消失,如图 2-4 所示。

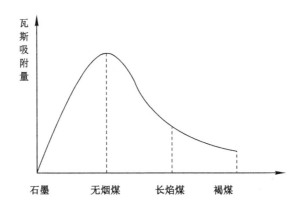

图 2-4　不同煤级煤对瓦斯的吸附能力

2.2.4　瓦斯的流动

当煤层中的瓦斯压力分布不均时,在煤层中往往就会形成一定的瓦斯流动范围,这一范围通常被称为瓦斯流场。为便于研究瓦斯在煤层中的流动状况,根据生产实践的工程条件,按流场的空间流向对瓦斯流动形式进行了分类。

（1）瓦斯流动形式的分类

煤层中瓦斯流场的形态受自然因素和采掘空间因素的几何形态影响。按瓦斯空间流动的方向与采掘巷道或作业地点的关系可将瓦斯流动形式分为单向流动、径向流动和球向流动。

① 单向流动

在三维空间中,如果瓦斯流动的速度只在某一维空间上不为零,即只有一个方向有流速,其余两个方向流速为零,则瓦斯流动形式就是单向流动。单向流动的流线是相互平行的,且垂直于等压线。单向流动示意图如图 2-5 所示。

瓦斯的单向流动是一种最基本的流动形式。煤层中的瓦斯在成煤过程中和成煤后不间断地向大气和围岩中放散,瓦斯从煤田的深部向浅部运移的形式主要就是单向流动;瓦斯从开放性断层面向外放散的流动形式是单向流动;在煤层中进行采掘作业时,当采掘作业的高度大于煤层厚度时,瓦斯从煤体内向自由面的流动形式也是单向流动。由于自然界瓦斯存储条件的复杂性,真正的单向流动较少。例如,煤层瓦斯从深部向浅部移动时,不但沿煤层方向向外流动,而且会沿上覆岩层向外渗流。

② 径向流动

在三维空间中,瓦斯流动的速度只在某二维空间上不为零,在另外的一维空

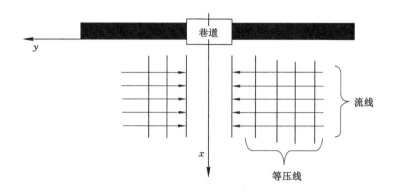

图 2-5　单向流动示意图

间上为零,因此径向流动属于平面流动。在矿井的石门、竖井或钻孔垂直穿透煤层时,煤壁内的瓦斯流动可近似认为是径向流动。这时的瓦斯压力线可认为是圆形的。径向流动示意图如图 2-6 所示。

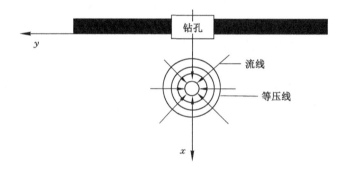

图 2-6　径向流动示意图

③ 球向流动

在三维空间中,3 个方向的瓦斯流动速度均不为零。在厚煤层的掘进工作面、钻孔或石门刚进入煤层时煤壁内的瓦斯流动,以及采落煤块中涌出瓦斯的流动均可近似认为是球向流动。

在实际的煤矿生产中,由于煤层的非均质性、煤层顶底板岩性的多变性和矿井瓦斯流动的复杂性,瓦斯流动形式有时可能是上述 3 种基本流动形式的综合。

(2) 煤层瓦斯流动的基本理论

国内外学者对煤层内瓦斯的流动规律做了大量研究,取得的成果主要为:

① 线性瓦斯流动理论

目前,大多数学者认为煤层内瓦斯运移基本符合线性渗透定律——达西定律,即

$$v = -\frac{K}{\mu} \cdot \frac{\mathrm{d}p}{\mathrm{d}x} \tag{2-5}$$

式中　v——瓦斯流速,m/s;

　　　μ——瓦斯动力黏度系数,Pa·s;

　　　K——煤层渗透率,mD;

　　　$\mathrm{d}x$——与流体流动方向一致的极小长度,m;

　　　$\mathrm{d}p$——在 $\mathrm{d}x$ 长度内的压差,Pa;

　　　λ——煤层透气系数,$m^2/(MPa^2 \cdot d)$。

② 瓦斯扩散理论

气体在煤层中的扩散,其本质是气体分子的不规则热运动。气体扩散类型可以用表示孔隙直径和分子运动平均自由程相对大小的诺森数 K_n 确定。K_n 计算公式为:

$$K_n = \frac{d}{\lambda} \tag{2-6}$$

式中　d——孔隙平均直径,m;

　　　λ——气体分子运动平均自由程,m。

当 $K_n \geqslant 10$ 时,该种气体扩散称为菲克型扩散;当 $K_n \leqslant 0.1$ 时,称为诺森型扩散;当 $0.1 < K_n < 10$ 时,称为过渡型扩散,即介于菲克型扩散与诺森型扩散之间的扩散。

对含有瓦斯的煤体来说,通常 $K_n \geqslant 10$,故可用菲克型扩散定律来描述,即

$$J = -D \frac{\partial c}{\partial X} \tag{2-7}$$

式中　J——瓦斯气体分子通过单位面积的扩散速度,$kg/(s \cdot m^2)$;

　　　D——菲克型扩散系数;m^2/s;

　　　c——瓦斯气体的浓度,kg/m^2。

③ 瓦斯渗透-扩散理论

该理论认为煤体内瓦斯流动是包括渗透和扩散在内的混合流动过程。原始煤层受到采掘活动影响后,首先裂隙内游离态瓦斯以渗流方式流向采掘空间,即游离态的瓦斯流向了低压工作面,打破了煤层的初始吸附平衡,大量吸附态瓦斯从基质孔隙表面解吸,以扩散方式流向裂隙系统。同时,煤体内部的瓦斯解析,向裂隙扩散。因此,煤层中游离态瓦斯的渗流方式和吸附态瓦斯的扩散方式共同决定了煤层内瓦斯的流动状态。煤层内瓦斯的流动过程可以表示为解吸→扩

散→渗流,并且在煤体裂隙系统与孔隙系统之间存在基质交换。

此外,煤层瓦斯流动的基本理论还有非线性瓦斯流动理论、地物场效应的煤层瓦斯流动理论等,在此不再详细介绍。

2.3 煤与瓦斯突出

煤与瓦斯突出指在地应力和瓦斯的共同作用下,破碎的煤和瓦斯由煤体内突然向采掘空间抛出的异常动力现象。

2.3.1 煤与瓦斯突出分类

煤与瓦斯突出通常按突出发生的动力形式和突出强度进行分类。

(1) 按突出发生的动力形式分类

按突出的动力现象成因和特征划分,有煤与瓦斯突出、煤与瓦斯压出和煤与瓦斯倾出3种类型。

① 煤与瓦斯突出。煤与瓦斯突出指在地应力和瓦斯压力的共同作用下,破碎的煤(岩)和瓦斯由煤(岩)体内突然向采掘空间抛出的异常动力现象。

② 煤与瓦斯压出。煤与瓦斯压出指在地应力,尤其是采掘集中应力的作用下,采掘工作面的煤体被抛出或发生位移,并伴随大量瓦斯涌出的现象。

③ 煤与瓦斯倾出。煤与瓦斯倾出指当煤体受到破坏后,其重力超过煤层的黏聚力和煤层与围岩的摩擦力,加上地应力和瓦斯压力的作用,破碎而松散的煤体突然向采掘空间倾出,并伴随大量瓦斯涌出的现象。

这3类动力现象的共性是发动力都有地应力,突出的预兆相同,突出的地点相似。

(2) 按突出强度分类

煤与瓦斯突出的规模常用突出强度来表示。突出强度指一次突出中抛出的煤量和涌出的瓦斯量。因瓦斯量计量困难,所以通常只用一次突出抛出的煤量作为突出强度的指标。详细分类如下所述。

① 小型突出。其突出强度小于50 t/次;突出后,经过几十分钟的瓦斯排放,瓦斯浓度可恢复正常。

② 中型突出。其突出强度为50～99 t/次;突出后,经过8 h以上的瓦斯排放,瓦斯浓度可逐步恢复正常。

③ 次大型突出。其突出强度为100～499 t/次;突出后,经过24 h以上的瓦斯排放,瓦斯浓度可逐步恢复正常。

④ 大型突出。其突出强度为500～999 t/次;突出后,经过几天的瓦斯排

放,回风系统瓦斯浓度可逐步恢复正常。

⑤ 特大型突出。其突出强度大于 1 000 t/次;突出后,需要经过长时间的瓦斯排放,回风系统瓦斯浓度才能恢复正常。

2.3.2 煤与瓦斯突出机理

煤与瓦斯突出机理是突出预测和防治的基础,只有认清煤与瓦斯突出机理,才能有的放矢地开展突出预测工作。

煤与瓦斯突出是一种非常复杂的动力现象,影响因素众多,发生原因复杂。截至目前,煤与瓦斯突出机理还没有形成一个统一且系统的理论,国内外大多数学者认可综合作用假说。综合作用假说认为,瓦斯压力、地应力、煤体结构及其物理力学性质的综合作用导致了煤与瓦斯突出的发生[62]。煤与瓦斯突出示意图如图 2-7 所示。

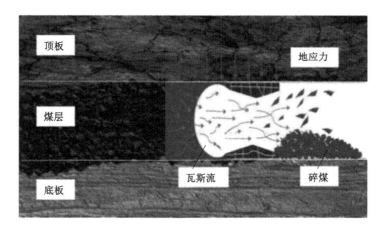

图 2-7　煤与瓦斯突出示意图

因不同煤矿的地质条件和采掘技术等存在差异,瓦斯压力、地应力和煤体结构及其物理力学性质在煤与瓦斯突出过程中的影响不同。其中,地应力、瓦斯压力是煤与瓦斯突出的动力,煤体结构及其物理力学性质则是阻碍突出发生的因素。

(1)地应力

地应力在突出的过程中发挥着比较重要的作用,此处的地应力主要是煤岩体自重应力、地质构造应力和残余构造应力等应力的叠加。煤层在采掘作业的影响下,工作面前方区域会形成集中应力带。在安全区域采掘时,该集中应力带会随着工作面的推进而同步向前移动,煤层中贮藏的能量均匀释放,瓦斯平稳涌出;在有突出危险的区域采掘时,集中应力带可能不会随工作面的推进而同步向前移动,当集中应力和瓦斯压力达到极限时,煤层中贮藏的能量就会突然释放,从而引发煤与瓦斯突出。

这主要是因为地应力增大时,煤体被压缩,其内部的孔隙体积减小,阻挡了瓦斯向外消散的通道,使瓦斯难以向外散去,仍然存在煤体中,从而在煤体中产生了较高的瓦斯压力。当地应力和瓦斯压力达到极限时,围岩或煤层的弹性变形潜能释放,使煤体产生破坏和位移。

(2)瓦斯压力

煤体仅在地应力的作用下只会发生破裂,假如此时煤体中瓦斯含量较低,则煤体的破坏程度就不会提高,瓦斯气体会缓慢地向外释放。只有发生破裂的煤体中蕴含大量的瓦斯,且在地应力的持续作用下,瓦斯气体才会快速向外释放,形成的较大瓦斯压力又会对煤体进行破坏,使煤体内的裂隙不断扩大,吸附态瓦斯迅速转化为游离态瓦斯,提高了煤体破碎程度。突出煤体孔隙和裂隙中的瓦斯使煤体的抗剪强度大大降低,导致煤体易于破碎,突出阻力大大降低。因此,突出的继续或终止,取决于突出孔道是否畅通和瓦斯压力梯度的变化。

(3)煤体结构及其物理力学性质

煤体的孔隙-裂隙结构为瓦斯的运移和贮藏提供了条件,大量瓦斯加速向外释放并积聚在破坏程度较低的含裂隙煤体内。因此,煤体结构及其物理力学性质为煤与瓦斯突出的发生提供了必要的基础条件。

在煤层软分层中,裂隙丛生、纹理紊乱,连通性变差,进而导致煤体透气性变差,易于在煤层软分层中产生较大的瓦斯压力梯度,促进了突出的发生。成煤过程和历次地质构造运动造成了煤体结构及其物理力学性质沿煤层走向和倾斜方向的不均质性。这种不均质性,不但为工作面附近煤体的应力状态突然变化创造有利条件,而且影响突出的发展速度和突出孔洞的形状及尺寸。

2.3.3 煤与瓦斯突出的主要阶段

煤与瓦斯突出的过程主要划分为 4 个阶段,如图 2-8 所示。

(1)突出准备阶段

在采掘作业过程中,工作面周围的煤壁弹性变形势能增大,产生较大的变形能量,导致地应力和瓦斯压力梯度增大。与此同时,煤体孔隙和裂隙不断增加,含瓦斯煤体因其稳定状态被破坏而释放瓦斯,使得瓦斯压力持续增大。突出准备阶段是破坏能量积聚的过程,会伴随瓦斯涌出量忽大忽小、发出破裂及闷雷声、煤体移位等突出前兆现象。

(2)突出发动阶段

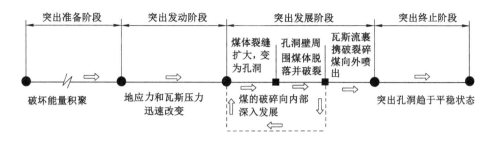

图 2-8 煤与瓦斯突出的全过程

当煤体内积聚的能量不足以大规模破坏煤体结构时,煤体将维持在不稳定的动态平衡状态,煤与瓦斯突出灾害暂时不会发生。假如在此时终止开采操作,转而实施防突措施,则可降低煤与瓦斯突出事故的危险程度,甚至不发生煤与瓦斯突出。但若采掘操作继续进行,处于极限应力状态的部分煤体突然遭到破坏,煤体弹性潜能迅速释放,煤体破裂产生的空隙不断扩张,煤体内大量的吸附态瓦斯转变为游离态瓦斯,形成瓦斯流。

这一阶段的特点是地应力和瓦斯压力迅速改变。大量的突出实例表明,工作面的多种作业都可以引起应力突变而诱发突出。统计表明,应力变化越大,突出强度越大。因此,震动爆破、一般爆破是最易引发突出的工序。

（3）突出发展阶段

在突出发展阶段,煤体裂缝扩大,变为孔洞,地应力和瓦斯压力的综合作用使孔洞壁周围煤体脱落并破裂,破碎煤体在孔洞内部堆积,致使瓦斯流通和释放受阻,当孔洞内瓦斯压力逐渐增大并超过碎煤堆积的阻力极限值时,瓦斯流和破裂碎煤向外喷出。随后破裂变形的煤体内部瓦斯压力不断减小,但煤体内的地应力梯度和瓦斯压力梯度仍然保持在一个较高的水平,煤体破碎向内部深入发展。

（4）突出终止阶段

突出终止的情况有两种:一是突出过程中含瓦斯煤体的能量逐渐耗尽,煤体所受到的地应力和瓦斯压力减小,不足以破坏煤体;二是煤体在被持续剥离的过程中突出孔洞被堵塞,导致孔洞内瓦斯压力增大,地应力梯度与瓦斯压力梯度不足以剥离和破碎煤体。煤与瓦斯突出终止时,突出煤体附近煤体中的瓦斯还要持续涌出相当长的时间。

2.3.4 煤与瓦斯突出一般规律

煤与瓦斯突出是煤层开采过程中一种极其复杂的动力现象。虽然突出前兆不明显,但是长期以来研究者们通过对大量突出资料的分析对比,得出了一些规律。

(1)随着开采深度的增大,突出的危险性增强。

(2)突出多发生在软煤层或煤层软分层中。

(3)煤层中的瓦斯压力和瓦斯含量是突出的重要因素之一。一般来说,瓦斯压力和瓦斯含量越大,突出的危险性越强。

(4)地压越大,突出的危险性越强。

(5)突出大多数发生在地质构造带内,如断层、褶曲和火成岩侵入区附近。这些地区的地质构造为煤与瓦斯突出的发生提供了有利条件。

(6)绝大多数突出都发生在破煤时,如爆破、割煤、打钻等作业。

(7)采掘应力集中区易发生煤与瓦斯突出。

(8)煤层比较湿润时,矿井涌水量越大,突出危险性越弱;反之则强。这是由于地下水流动可带走瓦斯,溶解某些矿物,给瓦斯流动创造了条件。

(9)突出具有迟滞性。在开采过程中煤体被破坏后不会第一时间发生突出,而是在过一小段时间后才发生突出。迟滞时间具有不确定性。

2.3.5 煤与瓦斯突出的预兆

在发生煤与瓦斯突出之前,一般都会发生一些预兆。人们可以根据这些预兆及时撤退到安全地点或采取预防突出的措施。煤与瓦斯突出预兆可分为有声预兆和无声预兆两种。

(1)有声预兆

有声预兆包括煤层在变形过程中发出的劈裂声、闷雷声、机枪声、响煤炮声等,这些声音听起来似乎是由远而近、由小到大、由慢到快。这些现象产生的原因可能是大量瓦斯在运移,并对煤层产生压力和破坏;煤壁发生震动或冲击;顶板来压,巷道支架发出断裂声。

(2)无声预兆

无声预兆主要包括工作面顶板压力增大,使支架变形,煤壁外鼓、片帮、掉渣,顶板下沉或底板鼓起;煤层层理紊乱,煤暗淡无光泽,瓦斯涌出量异常或忽大忽小;煤壁发凉,打钻时有顶钻、卡钻、喷瓦斯等现象。

在每一次突出发生前并非所有预兆同时出现,往往仅出现某一种或几种预兆,而且有的预兆不明显,有的预兆距发生突出的时间很短。因此,要想熟悉和掌握突出的预兆,必须在实践中不断积累和总结经验。

2.3.6 煤与瓦斯突出的危害

煤与瓦斯突出危害性极强,一旦发生煤与瓦斯突出,大量的煤岩固体物和瓦斯气体就立即以极快的速度喷出,巨大的冲击力不但会造成煤壁破坏、顶板垮落、井巷设施和装备破坏,而且突出的煤岩会堵塞巷道,阻止人员及时撤出。同时,矿井通风系统遭受严重破坏,造成人员窒息、死亡。涌出的瓦斯遇火还可能引起瓦斯爆炸,造成井毁人亡的重大事故。

2.4　小　　结

本章主要阐述了煤的物理力学性质,瓦斯的概念和性质,瓦斯在煤层内部的渗流吸附物理过程,以及突出发生的机理、条件、过程及一般规律等。

对煤的物理力学性质研究的意义在于能更好地掌握煤的属性,以便更加准确地了解煤与瓦斯突出发生的基础条件。瓦斯作为突出的一个关键因素,了解其成因、性质及流动理论,有助于掌握煤与瓦斯突出发生的机理,为下文更好地研究煤与瓦斯突出预测技术提供可靠的保障。

影响煤与瓦斯突出的因素众多,各因素之间关系比较复杂,这导致采用传统方法难以精确预测煤与瓦斯突出,因此,有必要寻找新的方法进行煤与瓦斯突出预测。

3 煤体声发射技术

声发射技术是一种应用日趋广泛的现代动态无损检测技术，能够实时接收、采集缺陷的声发射信号，实现在线监测。

研究表明，要想利用声发射技术预测预报煤与瓦斯突出，其关键问题是信号鉴别。在实际测取的各种信号中不可避免地存在一些与分析目的无关的成分——噪声，而现有的从含有噪声的煤体声发射信号中提取有用信息的方法明显存在不足之处，因此需寻找新的提取方法。

3.1 声发射技术概述

材料或构件受外界条件或内力作用产生变形或裂纹时，以弹性波形式释放应变能的现象称为声发射。声发射是自然界普遍存在的物理现象。例如，构件内部形成裂纹或裂纹扩展时产生声发射；地震时产生声发射；树枝折断，岩石破裂、摩擦、撞击，流体泄漏等也会产生声发射。但不同的现象、不同的过程、不同的材料，产生的声发射波差异很大，其频率范围从几赫兹到数兆赫兹；信号幅值变化范围从几微伏到数百伏。假如材料在发生声发射现象时释放的应变能足够大，就可以产生人耳能听到的声音。公元8世纪，阿拉伯炼金术士贾比尔·伊本·哈扬描述了"锡鸣"现象，这是人类第一次用文献记录声发射现象。然而，树枝的折断声、岩石的破裂声等人耳可以听到的声发射属于少数，在大多数情况下，发生声发射时，由于大多数材料释放的应变能很小，由此产生的声发射信号强度非常小，人的耳朵并不能直接听到，故必须借助现代测试技术手段，利用灵敏的检测、分析、测试装置才能进行相关研究。

声发射波包含材料损伤的丰富信息，因此，通过采集、处理、分析声发射信号可以判断材料的损伤情况。人们借助于现代测试仪器采集、记录、处理、分析声发射信号，并利用声发射信号推断声发射源的技术称为声发射技术[63]。

3.1.1 声发射产生的机理

声发射的产生是材料中局域源能量以弹性能快速释放的结果。如果一个固体的全部点在某一时间受到同一外力的作用,那么它会作为一个整体运动,做整体运动不会产生弹性波,自然也不会有声发射的产生;只有当物体受局部作用时,力的作用和相对速度变化才会出现在物体各部分之间,这时会有弹性波产生,出现声发射现象。找到被检材料的损伤源是声发射检测的一个重要目的。根据采集的损伤源声发射信号,可以判断声发射源的状态,进而评估被检材料的安全性。由于材料或构件的不同,声发射的形式多种多样,包括结晶材料的塑性变形,晶体内的位错运动、滑移、孪晶变形、裂纹的形成与扩展、马氏体相变、夹杂物的破裂;复合材料的分层扩展、纤维断裂、颗粒开裂及界面分离等。不同的声发射形式产生的声发射波不同,产生的声发射信号也不同。虽然使物体产生声发射的外部因素是纷繁复杂的,但不变的是声发射现象的产生原因都是在外部因素(如应力、磁场、温度等)的作用下,物体某一局部的稳定状态被破坏。材料在受到外部荷载作用时,其内部存在的原始缺陷及结构的不均匀性会造成应力集中,进而使材料局部应力分布不稳定,当这种不稳定的状态积累的应变能达到一定程度时,应力就会重新分布,达到一个新的平衡稳定状态,这个过程就是应变能释放的过程。它往往伴随着位错的发生与积累,从而导致裂纹的萌生与扩展。

3.1.2　声发射检测原理

声发射检测原理为声发射源产生的弹性振动以波的形式传播到构件(或材料)表面,声发射传感器探测到应力波到达材料表面引起的表面位移,并将表面位移引起的机械振动转化为电信号,然后电信号被放大、采集、处理,如图 3-1所示。

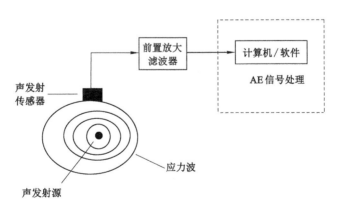

图 3-1　声发射检测原理

如图 3-2 所示,声发射波有两种方式到达接收器,一种为直接到达;另一种为折射后到达。在预期产生缺陷的部位放置声发射传感器,当声源产生声发射信号后,信号通过耦合界面传到声发射传感器,声发射传感器采集包含声源状态信息的声发射信号,然后通过放大滤波器等对采集的声发射信号进行放大、滤波、转换等处理,并将转换后的声发射信号传输到信号采集处理系统,对采集的信号进行比较及特征分析,通过外端显示设备输出,从而得出材料内部声发射的参数。

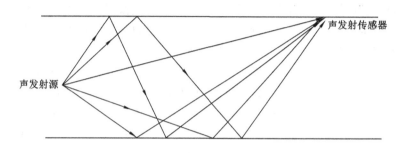

图 3-2　声发射波传播示意图

材料(构件)内部由于存在原始缺陷及成分不均匀,当受到外界作用时,就会出现应力集中且局部分布不均匀的现象。随着应变能的积累,该区域首先会出现材料的塑性变形,当塑性变形达到一定程度后就会产生微孔洞,进而有不连续间歇性的微裂纹出现,即裂纹的萌生。能量的释放会使原应力集中区域的应力被卸掉,随着应力集中的减弱,新的微裂纹就会和之前的微裂纹连接、汇合,形成比之前更大的裂纹,汇合后的裂纹会快速地发展,并伴随大量的声发射信号产生,即裂纹的扩展阶段。当裂纹扩展到濒临临界长度时,材料将会出现剧烈的不稳定增长和快速的失稳断裂,即裂纹的断裂阶段。材料(试件)在裂纹萌生、扩展、断裂阶段均伴随声发射现象,故声发射信号隐藏着裂纹损伤演化的大量信息。不同的材料(构件)产生的声发射信号不同,因此,可以根据不同的信号特征反推声发射源。

综上所述,用声发射检测技术来获得材料疲劳裂纹不同损伤阶段的动态信息是可行的。如果能对这些动态信息进行准确分析和处理,就可以得到声发射源目前的状态、位置等信息,从而能够准确地进行状态识别和故障诊断。

3.1.3　声发射信号的特征分析

声发射信号分析是为了实现声发射源定性识别、定位判断和定量评价。根据声发射信号在时域上的特点,其可以分为突发型声发射信号(图 3-3)和连续型声发射信号(图 3-4)。

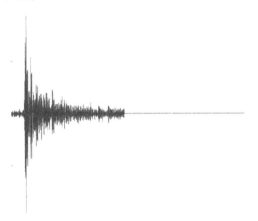

图 3-3 突发型声发射信号

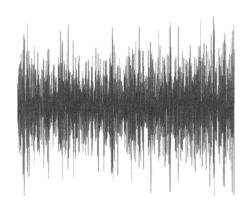

图 3-4 连续型声发射信号

突发型声发射信号在时域上表现为波形可分离,由高幅度、不连贯、持续时间为微秒级的信号组成,如材料中裂纹的萌生、扩展及夹杂物断裂等产生的信号。连续型声发射信号在时域上表现为波形不可分离,是一些连续发射的低幅度应力波脉冲,如因水管的泄漏、无缺陷金属的塑性变形等产生的信号。事实上,所有声发射过程产生的信号都是突发型声发射信号,当声发射发生的频度很大,即大量声发射事件几乎同时发生且在时域上达到不可分离的程度时,就会以连续型声发射信号显现出来。

一般来说,声发射信号具有如下特征:

（1）瞬态性

声发射信号在检测过程中具有随机性特征。当材料受到外部条件作用时，局部能量达到一定值时就会以弹性能的形式释放，之后快速衰减，达到一个新的平衡状态。这个过程中能量释放的瞬态性，使声发射信号具有时变性和瞬态性特征。声发射信号属于非平稳随机信号。

（2）多态性

声发射源本身具有多样性和不确定性，声发射源不同，产生的声发射信号就不同。声发射信号的频率可从数赫兹到数兆赫兹，属于宽频带的广谱信号。研究表明，构件或材料的固有特性和声发射信号频率之间有很强的相关性，由于高频信号强度传播衰减以及低频噪声的干扰，声发射传感器信号的使用频率大多为 20 kHz～2 MHz。在绝大多数情况下，声发射检测中的声发射主要频率为几十千赫兹至几百千赫兹。机械波在固体介质中的传播是一个复杂的过程，这个过程不但包括多种形式的波（如纵波、横波、表面波等），而且这些波在传播过程中还会发生模式的转换。此外，传播途径与声源位置、被检测对象的性质（如材质、几何尺寸和形状等）、所用耦合剂特征和传感器的位置等诸多因素有关，因此，实际的声发射信号具有多态性特征。

综上所述，声发射信号属于非平稳随机信号，具有瞬态性和多态性特征[64]。在实际的工程应用中，由于外界的干扰及声发射接收系统自身的原因，接收的声发射信号除含特征信息外，还存在大量干扰信号和噪声信号。要想从复杂的信号中提取需要的声发射信号，就需要全面地掌握声发射信号的有关特征，以便找到合适的信号处理方法[65]。

3.1.4 声发射检测技术的特点

声发射技术是在构件或材料的内部结构缺陷或潜在缺陷处于运动变化过程中进行无损检测的技术，是一种动态无损检测技术。根据构件或材料所发射声波的特点和诱发声发射的外部条件，不仅可以了解缺陷的当前状态，也能了解缺陷的形成历史和扩展趋势，这是其他传统无损检测方法所无法做到的。

与一般的无损检测技术相比，声发射检测技术具有以下优点：

① 声发射是一种动态检测方法，可对运行中的设备和受力情况下的部件进行实时的检测、监视和报警。它可以提供损伤缺陷随荷载、时间、温度等变化的实时或连续信号，获得缺陷的动态信息，并据此评价结构的完整性、缺陷的实际损害程度和预期使用寿命；可以广泛应用于工业过程中的在线检测及早期或临近破坏的预报。这不仅可以降低设备检修的成本，而且可以有效避免重大事故的发生，提高经济效益。

② 声发射探测到的能量来自被测试物体本身,而不是像超声或射线探伤那样由无损检测仪器提供。

③ 声发射检测方法对线状缺陷较为敏感,它能探测到在外加结构应力作用下这些缺陷的活动情况。

④ 声发射检测可以在复杂的检测环境下进行,适用于其他无损检测方法难以或无法接近的环境下的检测,比如异常温度、核辐射污染、易燃、易爆和剧毒等环境。

⑤ 由于声发射检测技术对被检测构件的几何形状不敏感,故其可对其他方法不能检测的复杂形状构件进行检测,适用范围较广。

声发射检测技术虽然有许多优点,但在应用中也有一定的局限性。

① 声发射检测非常容易受到各种噪声的干扰,因此,对声发射信号的分析处理须有更为丰富的现场检测经验。

② 声发射检测不能探测静态缺陷。在对被检测材料进行声发射检测时,一般需要适当的加载程序,因为只有在动态受力情况下才能发生声发射现象。

③ 声发射检测目前只能给出声发射源的部位、活性和强度,不能给出声发射源内部缺陷的性质和大小,故仍需要依赖其他无损检测方法进行复验。

④ 声波的传播过程非常复杂,声波的衰减、反射、模式转换会使接收的声波信号与声发射源发出的原始信号存在差异,从而影响对声发射源的识别。

⑤ 声发射信号含有大量噪声,若不注意排除噪声,将会得到错误的结果。

3.2 煤体声发射预测煤与瓦斯突出的可行性

研究表明,煤与瓦斯突出具有突发性,但在突出前均有预兆,如煤炮声、煤岩移动声响等。这是因为煤岩体是一种非均质体,煤岩体内存在各种微裂隙、孔隙等,以至于其在受外力作用时就会在缺陷部位产生应力集中,发生突发性破裂,使积聚在煤岩体中的能量得以释放,且以弹性波的形式向外传播。这就是煤岩体在地应力、瓦斯压力及采掘作用等影响下产生的煤体声发射。

根据 Griffith 理论可知,煤和岩石内部存在大量的裂隙,这些裂隙的扩张、传播和贯通是煤岩体破裂的根本原因。裂隙的扩张和传播都将产生能量辐射——声发射[66]。相关试验结果表明,当煤的受力水平达到煤体强度的 35%～50% 时,振幅为 35～40 dB 的声发射增加;受力水平达到煤体强度的 50%～70% 时,振幅为 35～40 dB 的声发射显著增加,并出现振幅 80 dB 以上的声发射。声发射的振幅和频率随应力的改变而发生显著变化,特别是当应力达到破坏荷载以上时大振幅、高频率声发射显著增加，小振幅、低频率声发射显著减少。煤与瓦斯突出是煤在力的作用下发生大规模破坏的一种表现形式，因此，声发射技术能提前预测煤的受力状态，是预测煤与瓦斯突出的有效手段。通过对煤岩体声发射波形进行分析，找出声发射在突出前的频率和振幅的活动规律及特征，并通过现场试验研究，找到采用声发射参数预测预报突出危险性的指标及其临界值，从而实现采用声发射技术有效预测预报煤与瓦斯突出。

声发射波的频率一般可在几千赫兹至几百万赫兹之间的范围内。其中，高频成分的声发射波在传播过程中很容易被吸收，因此其传播距离较近；低频成分的声发射波能传播较远的距离。声发射在金属类材料中传播时衰减速度较小，持续时间长，故能观测到连续的声发射波形，检测出微小的破坏；在岩石混凝土类材料中传播时衰减较大，一般只能观测到间断的波形，检测出能量较大的微破坏。下面对几种主要的煤岩声发射波形进行分析。

（1）砂岩

砂岩在加载过程中产生的声发射信号很少，为数不多的声发射信号主要来自砂岩破坏时产生的突发型声发射信号，如图 3-5 所示。

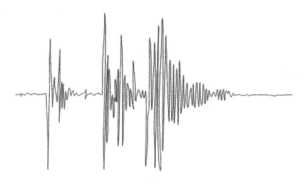

图 3-5　砂岩破坏时声发射信号波形

（2）石灰岩

石灰岩在加载过程中，前期出现了突发型声发射信号；在破坏过程中，出现了连续型声发射信号。试样中的方解石越多，突发型声发射信号越多。

（3）铝土页岩

铝土页岩在加载过程中，前期出现了突发型声发射信号，这说明铝土页岩具有一定的承载能力，随着荷载的增大出现了连续型声发射信号，一直到铝土页岩完全破坏为止，如图 3-6 所示。

（4）煤层

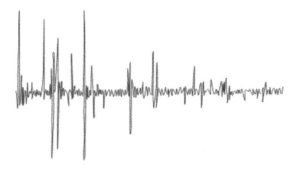

图 3-6 铝土页岩破坏时声发射信号波形

煤层在加载过程中,自始至终都有连续不断的声发射信号产生,如图 3-7 所示。

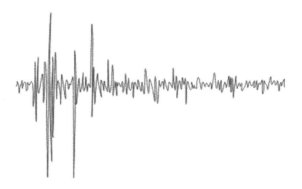

图 3-7 原生煤样破坏时声发射信号波形

煤岩体在破坏过程中的声发射事件与煤岩体性质有密切的关系。不同类型的煤岩体在受均压作用时,煤层首先被破坏。因在加载过程中,煤层自始至终都有连续不断的声发射信号产生,故煤岩体破坏时的声发射事件主要来源于煤体的破坏,利用声发射技术预测煤与瓦斯突出是可行的。

声发射技术在实践应用方面也取得了进展。例如,利用声发射技术可进行岩爆预测和突出预测等[66]。声发射技术可用于揭示煤岩体破坏机理,预测、预报煤岩动力灾害发生过程,如煤与瓦斯突出、顶板塌陷、围岩变形、冲击地压、滑坡、地震及岩石混凝土建筑失稳等。苏联用记录脉冲噪声数的方法预报煤与瓦斯突出,并在顿巴斯煤田推广应用了该方法;平顶山煤业集团从俄罗斯引进了声发射监测系统,用于煤与瓦斯突出预报试验研究[67]。与现行的静态预测方法相比,利用声发射技术预测、预报煤与瓦斯突出等煤岩动力灾害现象,可克服煤岩体受力不均匀及受力状态不稳定的影响,实现连续动态监测预报。

3.3 煤体声发射和井下噪声特征分析

利用声发射信号进行煤与瓦斯突出预测可以实现非接触式的连续预测,能够满足自动化监测的需要,但是到目前为止,还无法对声发射源进行直接检测,利用传感器只能接收到经过介质传播后的声发射信号。由于煤矿井下环境复杂,声发射信号常受到机械作业噪声、电子仪器噪声等的干扰;利用声发射传感器接收信号时,声发射信号十分微弱,很容易与噪声信号混合在一起;声发射检测具有极高的灵敏度,易受到各种因素的干扰而无法得到真正需要提取的煤岩裂隙发育的声发射信号,以及煤的局部压碎和岩石断裂声响等有效的声发射信号。因此,利用煤体声发射信号进行煤与瓦斯突出预测的关键是去噪声。为了有效地去除噪声,首先需要对井下噪声进行分类,然后对煤体声发射信号与噪声的频率和波形进行详细的分析,以便找到最适宜的去噪声方法。

3.3.1 煤体声发射特征分析

为了分析煤体在破坏过程中产生的声发射信号的频谱特性,王恩元等[68]对受载煤体声发射的频谱特征及变化规律进行了研究。

结果表明,试验中不同种类的煤样受载破裂时均有声发射信号产生。煤体在破裂过程中产生的声发射信号是不连续的阵发性脉冲信号。煤体的变形及破裂过程是不连续、不均匀的,二者均是一个能量积聚的过程,只有当煤体中某处的变形能积聚到一定程度才能引起煤体破裂,而每一次的破裂均会引起弹性能的释放,产生声发射。当煤体中裂纹尖端附近的能量不足以使裂纹继续扩展时,裂纹扩展中止,煤体继续积聚能量,该阶段声发射平静[45]。

采集受载煤体变形破裂过程声发射实时数据并进行快速傅里叶变换,可得到声发射的频谱。图 3-8 为淮南 2 号型煤声发射信号频谱分析结果,试样尺寸为直径 50 mm,长 104 mm,加载速率为 0.9 t/min。试验中共记录到 27 个声发射事件,图 3-8 只给出部分事件的分析结果,图中 σ/σ_c 为应力水平,即每个声发射事件开始触发时刻的应力 σ 与破坏时应力 σ_c 的比值。由图 3-8 可以看出,声发射事件开始触发时刻的应力越大,振幅越大,频率越高,振幅的变化范围为 $0.3\sim3.5$ μV。

主频率与时间的关系曲线如图 3-9 所示。由图 3-9 可以看出,煤体声发射信号的频率范围较大,包括次声波频率、声波频率和超声波频率,这对检测提出了较高的要求。在整个加载过程中,声发射信号的主频率不断发生变化,在受载

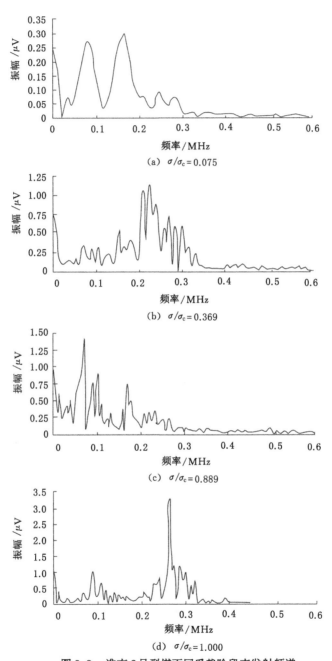

(a) $\sigma/\sigma_c = 0.075$

(b) $\sigma/\sigma_c = 0.369$

(c) $\sigma/\sigma_c = 0.889$

(d) $\sigma/\sigma_c = 1.000$

图 3-8 淮南 2 号型煤不同受载阶段声发射频谱

初期,声发射信号的主频率较低,呈现先增高后降低的趋势;在受载后期,声发射信号的主频率较高。整体上声发射信号主频率随时间的增加呈"M"形变化趋势。

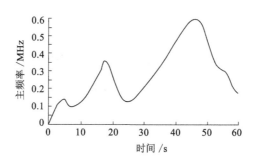

图 3-9　主频率与时间的关系

煤体声发射主频信号强度(振幅)与时间的关系如图 3-10 所示。由图可知,在受载初期,声发射主频信号的强度(振幅)较小,随时间的增加呈先增大后减小的趋势;在受载后期,声发射主频信号的强度较大,随时间的增加呈增大趋势,在破坏时最大,破坏后呈减小趋势。整体上,声发射主频信号的强度随时间的增加也大致呈"M"形变化趋势。

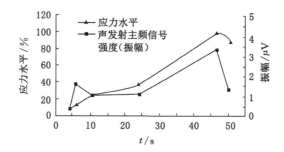

图 3-10　声发射主频信号强度、应力水平与时间的关系

由以上分析可得:

① 声发射信号属于非平稳随机信号。

② 加载破坏过程中声发射信号的主频率是一个变数,随着破坏程度的加剧,信号主频率由高变低。

③ 突出过程中声发射信号主频率并不高。

④ 对煤系地层,用于突出预测的声发射信号主频率一般在 80～3 000 Hz范围内。

3.3.2 井下噪声的分类及特征分析

井下作业环境复杂,噪声源非常多。一般情况下可以将井下噪声归纳为以下 4 种类型:

(1) 电气噪声

电气噪声有两种:一种是由电子元器件自身产生的,振幅变化不大且频率基本固定的白噪声;另一种是由电气设备启动时产生的,振幅可能很大但持续时间极短的尖脉冲噪声。接头接触不紧产生的噪声一般振幅很大,波形连续且变化极大,波形失真,该类噪声在认真操作的前提下出现的概率非常小。

(2) 机械作业噪声

机械作业噪声主要指井下各种机械设备在作业时产生的噪声,如煤电钻、风镐、风钻、钻机、采掘机等作业时产生的噪声。井下机械设备作业时,产生的信号集中且数量大,并具有明显的周期性。综掘机、大直径钻机等作业时产生的噪声呈现波形连续的特征;煤电钻、风镐、风钻等设备作业时产生的噪声信号呈现明显的等间距特征。机械作业噪声的振幅一般变化较小。

(3) 人为活动噪声

人为活动噪声主要指井下人为活动过程中产生的作业噪声,如人工落煤、爆破、出渣、架设支架、整修巷道、敲打钻杆、连接管道、从矿车上搬卸重型材料等过程中产生的噪声。人为活动噪声是最难滤除的一种噪声,因为它产生的方式很多,规律性不强,频率范围较大,振幅变化也较大。

(4) 随机噪声

随机噪声主要指传感器附近的煤壁片帮、垮落以及安装探杆的钻孔孔口煤壁垮落时碰击探杆或传感器引起的噪声。

与前文声发射信号相比,井下噪声与有效声发射信号在波形上有相似之处,在频谱上存在重叠,并且井下噪声声源的位置和声发射信号的位置在空间上是不同的,噪声和声发射信号也是不相关的。

3.4 声发射信号常用分析方法

目前有两种分析声发射信号的方法:一种是特征参数分析法,即对简化的波形特征参数进行分析;另一种是频谱分析法,即对声发射信号的波形进行频谱分析。下面对这两种方法分别进行介绍。

3.4.1 特征参数分析法[69-70]

声发射特征参数指从声发射波形中提取的一些描述波形的参数。通过这些参数可以了解声发射波形,更方便地对各波形进行比较,了解其变化规律等。

常用的声发射特征参数有振铃计数、能量计数、事件计数、幅度和持续时间等,见表 3-1。其中,有些参数可定义为随时间或试验参数变化的函数,如声发射事件计数、声发射振铃计数等。此外,这些参数之间可以任意组合进行关联分析,如声发射事件计数-幅度分布、声发射事件能量计数-持续时间关联图等[69]。

表 3-1　常用声发射信号参数的含义、特征及用途[70]

参数	含义	特征与用途
振铃计数	越过门槛信号的振荡次数,可分为总计数和计数率	信号处理简便,适于两类信号,又能粗略反映信号强度和频度,因而广泛用于声发射活动性评价,但受门槛值大小的影响
事件计数	产生声发射的一次材料局部变化称为一个声发射事件。可分为总计数和计数率。一个阵列中,一个或几个撞击对应一个事件	反映声发射事件的总量和频度,用于声发射源的活动性和定位集中度评价
能量计数	信号检波包络线下的面积,可分为总计数和计数率	反映事件的相对能量和强度。基本不受门槛电压、工作频率和传播特性的影响,可取代振铃计数,也用于波源的类型鉴别
幅度	声发射信号振荡波形的最大振幅值,通常用 dB 表示	与事件大小有直接关系,不受门槛电压的影响,直接决定事件的可测性,常用于波源的类型鉴别、强度及衰减的测量
持续时间	信号第一次越过门槛电压至最终降至门槛电压所经历的时间	与振铃计数十分相似,但常用于特殊波源类型和噪声的鉴别
到达时间	一个声发射波到达传感器的时间	决定了波源和传感器的位置及声发射波传播速度,用于波源的位置计算
有效电压值	采样时间内信号的均方根值	与声发射的大小有关,测量简便,不受门槛电压的影响,适用于连续型声发射信号,主要用于连续型声发射活动性评价
平均信号电平	采样时间内信号电平的均值,以 dB 表示	对幅度动态范围要求高而时间分辨率要求不高的连续型声发射信号尤为有用,也可用于背景噪声水平的测量

特征参数分析方法对检测仪器的要求较低,分析方式相对简单,分析速度快,且易于实现实时监测,故得到了广泛应用。受信号处理技术的限制,早期的声发射仪器大都不具备对声发射信号进行瞬态波形捕捉和实时处理的能力,因此当时采用较多的方法也是特征参数分析方法。然而,尽管每一个特征参数都能提供与声发射源特征相关的信息,但在整个处理过程中,由于试验条件、材料结构、选用参数不同,得到的结果也不同。此外,声发射参数只是对声发射信号波形特征的描述,用其表征整个声发射的特征存在一定偏差,这也是特征参数分析方法的局限性。

3.4.2 频谱分析法[71]

频谱分析即早期的波形分析技术,它通过傅里叶变换将声发射信号从时域信号转换到频域信号,在频域中研究声发射信号的特征。频谱分析方法是声发射信号处理中最常用的分析方法,可以分为经典谱分析方法和现代谱分析方法。

经典谱分析方法以傅里叶变换为基础,又称为线性谱估计方法。它主要包括相关图法和周期图法,以及在此基础上改进的方法。由于傅里叶变换可通过快速傅里叶变换算法(FFT)实现,因此,经典谱分析方法速度快、简便。经典谱分析方法已经在声发射技术中得到应用,从目前的应用效果来看,经典谱分析方法在声发射信号处理中有强大的生命力,具有良好的应用前景。但由于经典谱分析方法分辨率不高,且误差较大,因此并未在实际中得到广泛应用。

现代谱分析方法以非傅里叶分析为基础,是近几十年来迅速发展起来的一门新兴学科,大致可分为参数模型法和非参数模型法两大类。参数模型法中的参数模型包括有理参数模型和特殊参数模型。有理参数模型可用有理系统函数表示。特殊参数模型即指数模型,它把信号定义为一些指数信号的线性组合。非参数模型法是不需要建立参数模型、基于自相关矩阵或数据矩阵进行特征分离的现代谱分析方法。

为了改正经典谱分析方法的缺点,现代谱分析方法根据信号本身的特点,用合适的参数模型来拟合信号或用特征分离方法来估计信号,这样就提高了估计的谱与真实谱的相似程度。但频谱分析法要求被分析的信号是周期性的平稳信号,并且它是一种忽略局部信息变化的全局分析方法。鉴于声发射信号是一种随时间变化的非平稳随机信号,某个时段的特征对声发射信号的整体特征影响较大,因此频谱分析法不是分析声发射信号特征的有效方法。我们应该寻找一种更符合声发射信号特征的处理方法。

3.5 新的声发射信号提取方法

研究表明,机械设备工作时产生的噪声信号与煤岩体变形破裂过程中产生的声发射信号存在较大差异,其具有一定的周期性,频谱相对稳定,且振幅随时间变化不大,因此,可以设计逻辑门限和噪声水平 2 个参数来研究机械设备工作时产生的噪声信号。

① 逻辑门限 q_i。逻辑门限 q_i 是人为设置的判定有效信号(振幅)的参数,其大小由现场环境的噪声信号水平来确定,取值范围为 $0 < q_i \leqslant 250$ dB。长期现场实践表明,在采掘工作面 q_i 取 30 dB 较为合适。

② 信号的噪声水平 N_i。N_i 可由下式求得:

$$N_i = N_{i-1} + 0.25(M_i + N_{i-1}) \qquad (3-1)$$

式中 M_i——当前信号的噪声水平,dB;

N_{i-1}——前一次采样信号平均噪声水平,dB。

判别有效信号的条件是:

① 声发射事件的最大振幅 $A_{max} \geqslant q_i$;

② 声发射事件的最大振幅与信号噪声水平的比值 A_{max}/N_i 大于等于设定值 A/N_i,即

$$\frac{A_{max}}{N_i} \geqslant \frac{A}{N_i} \qquad (3-2)$$

当同时满足上述两个条件时,该信号才是有效的声发射信号,否则,该信号为噪声信号,不进行采样。机械设备工作时产生的噪声信号的抑制方法在信噪比较大时才有效,且在采样时噪声同时被采样,故采样后的有效声发射信号中包含噪声信号,并没有对噪声进行滤除。当信号幅度较小时,若不满足判定条件则该信号被认为是噪声而不进行采样,这就有可能丢失有用信息,因为反映煤岩受力及破裂状态的声发射信号经过在煤岩中传播后发生衰减,从而使到达传感器的声发射信号幅度较小,这样有可能使传感器的接收信号幅度小于逻辑门限,导致该信号被认为是噪声而不被采样。因此,该去噪方法虽然简单,但不能很好地从噪声中提取有效声发射信号。此外,该去噪方法还受现场条件的限制,因为现场还有其他作业噪声干扰。

综上所述,制约能连续预测煤与瓦斯突出危险性的声发射仪器推广使用的主要因素是现场噪声的排除。井下作业时的噪声主要有:爆破声、风机转动声、打钻声、刮煤机工作时的声音、机械落煤的声音、机车过轨和人走动的声音等。其中,有些噪声与煤与瓦斯突出前兆的声响在波形和频谱上有相似之处,当其与

有效的声发射信号混杂在一起时,会严重干扰有效声发射信号。现有的去噪方法在某种程度上都存在不足之处,难以将它们分离、排除,故有必要进一步研究、探寻更可靠的方法。目前,我们所面临的问题是采用什么样的分析手段从含有噪声的煤体声发射信号中提取有价值的信息。根据上文所分析的声发射信号特征,所采用的分析方法至少要满足下列要求:

① 能够判断突出发生的精确时刻。

② 能够集中分析某一时刻的信号。

③ 能够适应多变的系统运行条件和突变情况。

由第 4 章内容可以看出,小波分析正是能够同时满足这些要求的理想方法。

3.6　小　　　结

本章从理论、试验和实践方面提出了利用煤体声发射信号进行煤与瓦斯突出预测的可行性及预测时所面临的主要困难,在分析声发射信号频谱和振幅的基础上,权衡现有声发射信号分析、处理方法的利弊,并提出了从含有噪声的煤体声发射信号中提取有价值信息应该满足的条件。

4 小波变换提取煤体声发射信号技术

1822 年,数学家傅里叶首次提出傅里叶变换。通过傅里叶变换可以获得待处理信号所包含的频率成分信息,但不能得到各频率成分出现的时间,这就导致时域相差很大的两个信号频谱图可能一样,故傅里叶变换并不适于分析煤体声发射这种非平稳信号。

对于像煤体声发射这类的非平稳信号,只知道其频率组成是不够的,还需要得到信号频率随时间变化的趋势,以及各个时刻的瞬时频率及振幅,这就需要进行时频域分析。于是小波变换应运而生,它具有时频域分析能力,能够满足提取煤体声发射信号的要求。本章从传统方法的局限性出发,分析了小波变换用于声发射信号去噪处理的特点、优越性及具体的去噪算法。

4.1 小波变换及去噪基本理论

小波是一种能量在时域非常集中的波,它的能量有限,而且集中在某一点附近。简单来说,小波是一种特殊的长度有限且平均值为零的波形。小波函数具有两个特点:一是在时域上都具有紧支集或近似紧支集[72];二是直流分量为零。

4.1.1 小波的数字定义

(1) 基本小波

基本小波是一个具有特殊性质的实值函数,也被称为母小波,主要包括 Haar 小波、Mexican Hat 小波、Daubechies 小波等几种类型。从数学分析的角度来看,基本小波需要满足的关系式如下:

$$\int_{-\infty}^{+\infty} \frac{|\psi(\omega)|^2}{\omega} d\omega < +\infty \tag{4-1}$$

在式(4-1)中,ω 为频率;$\psi(\omega)$ 在时域上所对应的 $\psi(t)$ 称为一个基本小波;t 为时间。若一个函数为基本小波函数,那么它必然满足下列几个特征:

① 带通性

当 $\omega \to 0$ 时,要求 $|\psi(\omega)|/|\omega|$ 必须有意义,即 $\lim_{\omega \to 0}|\psi(\omega)| = 0$,并且当频率为

零时，$\psi(\omega)$的数值为零。

② 零均值和波动性

由带通性可知，当频率为零时，$\psi(\omega)$的数值为零，因此，存在：

$$\int_{-\infty}^{+\infty} \psi(t) = 0 \tag{4-2}$$

由此可见，基本小波函数均值为零，且在时间轴 t 上数值有正有负，即基本小波 $\psi(t)$ 在时间轴 t 上往复振荡才能满足式(4-2)，因此基本小波 $\psi(t)$ 具有波动性和均值为零的特征。

③ 能够进行时频局部化分析

基本小波函数的带通性和波动性是在分析数学解析式的基础上得来的基本性质，然而在信号分析层面，基本小波能够进行时频局部化分析，就相当于一个放大镜，能够对分析对象的局部特征更好地把握。

（2）小波基函数

将基本小波 $\psi(t)$ 平移 τ 个单位并在尺度上收缩（或膨胀）a 倍，便可得到小波基函数，其定义式为：

$$\psi_{a,\tau}(t) = \frac{1}{\sqrt{|a|}} \psi\left(\frac{t-\tau}{a}\right) \quad a, \tau \in \mathbf{R}; a \neq 0 \tag{4-3}$$

式中　τ——时移系数，即平移因子，它决定母小波 $\psi(t)$ 在坐标轴中的位置；

　　　a——尺度系数，即伸缩因子，它描述了 $\psi(t)$ 的"高矮胖瘦"。

由上式可知，$\psi_{a,\tau}(t)$ 的定义域是紧支撑的，即只有在很小的一个范围内，函数才有实际意义，在该范围外，函数值为零，也就是说小波基函数具有速降的性质。通俗地讲，小波的"小"指的是只在很小的范围内有定义，在该范围之外，小波函数值为零，而这个范围是由尺度系数 a 决定的。a 愈大，小波被拉伸的愈长，该范围也愈大。

4.1.2　小波变换理论

在不同的尺度下，小波基是窗口可根据需要自动调节的函数，将分析对象与小波做卷积运算，然后在尺度因子的调节作用下将分析对象分解为频率、时间上各不相同的部分，这个过程就是小波变换的过程。根据小波的时频局部化性质，可对信号在时间和频率上做进一步的局部化分析。小波变换在一定程度上可以说是由傅里叶变换发展而来的，但它弥补了傅里叶变换在分析非平稳信号时存在的缺陷。

利用小波基函数 $\psi_{a,\tau}(t)$ 对信号 $x(t)$ 进行分解，这样的信号分解过程就是连续小波变换(CWT)的过程，数学表达式如下：

$$WT_x(a,\tau) = \langle x(t), \psi_{a,\tau} \rangle = \frac{1}{\sqrt{a}} \int x(t) \psi^* \left(\frac{t-\tau}{a} \right) \mathrm{d}t \qquad (4\text{-}4)$$

式中，$WT_x(a,\tau)$为信号 $x(t)$ 经过小波变换后获得的小波变换系数；a 为反映信号频率特征的伸缩因子；τ 为平移因子，与信号发生的时刻相对应。

由式(4-4)可知，可以将小波变换理解为对分析对象的投影，即将信号 $x(t)$ 投影到一个二维平面，然后选择不同的尺度系数来控制该平面中参数的占比，从而得到相应的频谱，获取所分析信号中需要的信息。从本质上来说，小波变换是把 $L^2(R)$ 空间中的任意函数 $x(t)$ 表示为具有不同平移因子和伸缩因子 $\psi_{a,\tau}(t)$ 的投影叠加。而傅里叶变换仅能将 $x(t)$ 投影到频域上，相比之下小波变换可将一维的时间域信号映射到"时间-频率"的二维域上，因此小波变换具有多分辨率的特点。通过调节伸缩因子和平移因子，能够得到具有不同时间-频率宽度的小波变换，从而与原始信号的任意时刻进行匹配，完成对信号的时间-频率局部化二维分析。小波变换基本流程如图 4-1 所示。

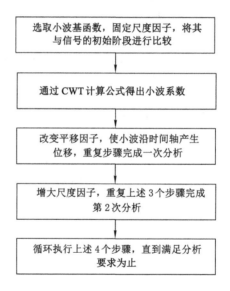

图 4-1　小波变换基本流程

由连续小波变换的定义可知，当伸缩因子 a 及平移因子 τ 连续变化时，信号 $x(t)$ 连续小波变换的信息量是冗余的。从便于计算和减小计算量的角度出发，我们希望在不丢失原始信号 $x(t)$ 信息的情况下，尽量降低小波变换的冗余度，而在实际应用中，通常的做法是将连续小波变换的因子 a、τ 进行离散化。其具体做法为：把母小波函数 $\psi_{a,\tau}(t)$ 中的伸缩因子 a、平移因子 τ 限定在固定的离散点取值。对于伸缩因子 a，通常按照幂级数对其进行离散，即令 a 为 $a_0^0, a_0^1, \cdots$，则 $\psi_{a,\tau}(t)$ 离散为 $a_0^{\frac{j}{2}} \psi[a_0^{-j}(t-\tau)]$ $(j=0,1,2,\cdots)$。

对于平移因子 τ，为了不丢失信息，采样必须要满足奈奎斯特采样定理，即采样频率不小于 2 倍的该尺度下的通带频率，若在某一尺度 j 下令平移因子 τ 的采样间隔为 $\nabla\tau = a_0^j \tau_0$，则此时有：

$$\psi_{a,\tau}(t) = a_0^{-\frac{j}{2}} \psi[a_0^{-j}(t - ka_0^j\tau_0)] \quad j=0,1,2,\cdots; k \in \mathbf{Z} \quad (4\text{-}5)$$

在实际应用中，为方便计算，通常令 $a_0 = 2, \tau_0 = 1$，则此时的 $\psi_{a,\tau}(t)$ 转化为：

$$\psi_{j,k}(t) = 2^{-\frac{j}{2}} \psi(2^{-j}t - k) \quad j=0,1,2,\cdots; k \in \mathbf{Z} \quad (4\text{-}6)$$

式(4-6)中，我们称 $\psi_{j,k}(t)$ 为离散小波基，于是函数 $x(t)$ 的离散小波变换表达式为：

$$WT_x(j,k) = \int_{-\infty}^{+\infty} x(t)\psi_{j,k}^* \mathrm{d}t \quad (4\text{-}7)$$

显然，离散小波变换并不会导致原始信号的信息丢失。

需要说明的是，在小波变换中的尺度类似于地图中的比例尺，大的比例尺对应于信号全局的描述，而小的比例尺对应于信号细节的描述。从信号频率的角度来看，低频分量（对应小波分析的大尺度）对应信号的整体信息，而高频分量（对应小波分析的小尺度）则对应在信号内部隐藏的细节信息。在实际的应用中，高频分量一般持续时间较短，在某些时间段内出现，表现为信号上的尖峰；低频分量通常持续时间较长。这就是多分辨率分析方法的物理基础。在具体计算中，为方便起见，小波变换通常从小尺度开始，然后增大尺度，因此对于频率的分析也从高频分量向低频分量进行。短时傅里叶变换在不同的时刻和不同的频率都采用相同的分辨率进行分析，而小波变换则对不同的频率分量采取不同的分辨率进行分析。

4.1.3　小波变换的特点

（1）小波变换是一个满足能量守恒方程的线性运算，它把一个信号分解成对空间（时间）和尺度（频率）的独立分量，同时不失原信号所包含的信息。

（2）小波变换相当于一个具有放大、缩小和平移等功能的数学显微镜，通过分析不同放大倍数下信号的变化来研究其动态特性。

（3）小波变换不一定要求是正交变换且小波基不唯一。小波函数系的时宽-带宽积很小，且在时间轴和频率轴上都很集中，即展开系数的能量很集中。

（4）小波变换巧妙地利用了非均匀的分辨率，较好地解决了时间分辨率和频率分辨率的矛盾;在低频段用高频率分辨率和低时间分辨率(宽的分析窗口),而在高频段则用低频率分辨率和高时间分辨率(窄的分析窗口),这与时变信号的特征一致。

(5)小波变化将信号分解为在对数坐标中具有相同大小频带的集合,这种以非线性的对数方式处理频率的方法对时变信号具有明显的优越性。

(6)小波变换是稳定的,是一个信号的冗余表现。由于伸缩因子和平移因子是连续变化的,故相邻分析窗的绝大部分是相互重叠的,相关性很强。

(7)小波变换同傅里叶变换一样,具有统一性和相似性,其正反变换具有完美的对称性。

4.1.4 小波变换的去噪原理

在实际应用中,采集获取的数据一般都是含有噪声的,因此必须对数据进行去噪处理才能得到信号中有价值的信息。平稳信号中有价值的信息主要为信号的低频部分,而噪声中有价值的信息主要为信号的高频部分,但是对于一些非平稳信号而言,有价值的信息除了包括低频部分,还会有一些突变的高频成分。所以对非平稳信号进行处理时,不但要消除信号中噪声所代表的高频成分,而且需要保留有价值信号中突变的高频成分。

噪声主要在信号的获取和传输中产生。声音信号的输入、采集、处理和输出过程都不可避免地受到噪声的影响。固有噪声包括影像系统的结构噪声、光源噪声、模拟电路噪声、光电转换和模/数转换过程中产生的电器系统噪声等。它们都是以高斯分布的白噪声形式存在。

若将白噪声看成一个普通的信号,然后对其进行小波分析,则会发现它具有平稳、零均值、小波分解系数不相关等特征,并且高频系数的幅度随着分解层次的增加很快地衰减,同时高频系数的方差也很快地衰减;如果将高斯噪声作为一个普通信号,对其进行小波分析,它同样会产生高频系数,所以一个含噪声信号的高频系数分量是有价值信号和噪声信号高频系数的叠加。而小波变换特别是正交小波变换具有去数据相关性,它能够使信号的能量在小波域中集中在一些较大的小波系数中,噪声的能量却分布于整个小波域内,而且白噪声的方差和幅度随小波变化尺度的增大逐渐减小,有价值信号的方差和幅度与小波尺度的变化无关。因此根据白噪声和信号不同的小波变化特性,就可以对信号进行消噪处理。

对信号消噪的本质就是抑制信号中无价值的部分,增强信号中有价值的部分。利用小波变换对声发射信号消噪的具体过程为[73]:

(1)对信号进行小波或小波包分解。首先挑选一个合适的小波或小波包,同时确定其需要分解的层次,然后对其分解计算。

(2)量化小波或小波包分解高频系数的阈值。首先给所有分解尺度下的高频系数挑选一个合适的阈值,然后做软阈值量化处理。

(3)对信号进行小波或小波包重构。依照小波或小波包分解后得到的最低地坪系数和各层高频系数做小波或小波包重构。

4.2 小波变换提取煤体声发射信号优越性分析

传统的傅里叶变换采用把信号映射到频域加以分析的方法。虽然这种方法能够将时域特征和频域特征联系起来,并分别从信号的时域和频域特征进行分析,但不能描述信号的时频局域性质,该性质是非平稳信号最根本和最关键的性质。小波变换就是在傅里叶变换基础上发展起来的。作为时-频域分析方法,小波分析突破了传统信号处理方法的局限,提供了一种自适应的时域和频域同时局部化的分析方法,因此无论分析低频或高频局部信号,它都能自动调节时-频窗,以适应实际分析的需要。此外,小波分析的快速算法为采用小波变换分析解决实际问题带来了极大的方便。

通过对煤体声发射信号的分析可知,煤体声发射信号是一种非平稳信号,信号的突变部分包含声发射源的重要信息,是用于煤与瓦斯突出预测的重要依据,也是本书主要提取的特征信息。传统的信号处理方法——傅里叶变换只能获得信号整体频谱,不能进行局部分析,不具有分析煤体声发射信号的能力。

4.2.1 傅里叶变换的局限性

从本质上讲,傅里叶变换就是一个棱镜,它把一个信号函数分解为众多的频率成分,如图 4-2 所示[74],把时间领域反映不出来的特征信息转换到频率领域进行研究,然后又用这些频率重构原来的信号函数。

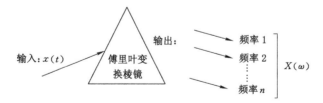

图 4-2 傅里叶变换棱镜示意图

傅里叶变换理论可用下式描述:

$$X(\omega) = \int_{-\infty}^{+\infty} x(t) e^{-j\omega t} \mathrm{d}t \qquad (4-8)$$

式中,指数表达式 $e^{-j\omega t}$ 可以写成:

$$e^{-j\omega t} = \cos \omega t - j \sin \omega t \qquad (4-9)$$

在傅里叶变换中,与某一频率 ω 相对应的值 $X(\omega)$ 表示函数 $x(t)$ 首先与这个复数函数相乘,然后在整个时间域内积分。例如,某一信号的主要成分是频率 50 Hz 和 300 Hz 的正弦波。该信号被白噪声污染,其原始信号波形如图 4-3(a)所示。通过傅里叶变换对其频率成分进行分析可得如图 4-3(b)所示的信号功率谱图。

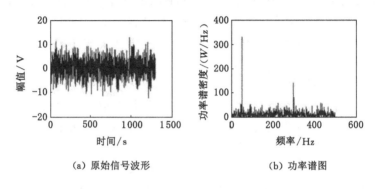

(a) 原始信号波形　　　　　　　(b) 功率谱图

图 4-3　原始信号及其功率谱图

由图 4-3 所示的原始信号我们看不出任何频域的性质,但从该信号的功率谱图中,可以明显地看到该信号是由频率为 50 Hz 和 300 Hz 的正弦信号和频率范围较大的白噪声信号组成的,信号的频率特性较为明显。

信号的时域波形不包含任何频域信息,而其傅里叶谱则是信号的统计特性,是整个时间域内的积分,没有局部化分析信号的功能,完全不具备时域信息[75],也就是说,信号的某一频率分量 ω 不管在什么时刻出现,都会在最终的积分值中表现出来。假定某信号 $x(t)$ 由两个 ω 分别等于 10 rad/s 和 30 rad/s 的正弦信号分量组成,即

$$x(t) = \sin 10t + \sin 30t \qquad (4-10)$$

对这个信号作傅里叶变换,可以得到如图 4-4 所示的结果。

现在考虑另一个信号 $y(t)$,它也是由两个 ω 分别等于 10 rad/s 和 30 rad/s 的正弦信号分量组成的。但是这两个信号分量并没有叠加在一起,频率 $\omega = 10$ rad/s 的信号分量在前,频率 $\omega = 30$ rad/s 的信号分量在后,即

$$y(t) = \begin{cases} \sin 10t, 0 \leqslant t \leqslant 250 \text{ s} \\ \sin 30t, 250 \text{ s} \leqslant t \leqslant 500 \text{ s} \end{cases} \qquad (4-11)$$

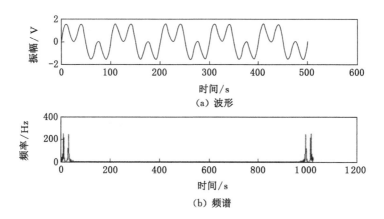

图 4-4　正弦叠加信号 $x(t)$ 波形及频谱

图 4-5 是信号 $y(t)$ 的时域波形及其傅里叶变换的结果。

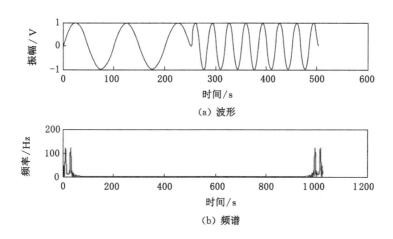

图 4-5　正弦分段信号 $y(t)$ 波形及频谱

由图 4-4 和图 4-5 可以看出,除了两个尖峰周围存在少许差别之外,信号 $y(t)$ 与信号 $x(t)$ 的频谱在形状上没有什么区别。至于频谱幅度上的差异,那是因为 $x(t)$ 是两个幅度为 1 V 的信号相加而成,而 $y(t)$ 的幅度恒为 1 V。

很明显,傅里叶变换虽然能够精确地分离出信号中的各个频率分量,但无法明确各分量在时间上是如何分布的,也就是说其不能同时在时域和频域上进行分析。因此,傅里叶变换不能很好地分析煤体声发射信号。

在小波变换得到应用之前,为弥补傅里叶变换这一缺陷,人们继而考虑对傅里叶变换进行改造,以提高其分析暂态信号的能力,其中得到广泛应用的方法是Dennis Gabor(丹尼斯·加博尔)提出的短时傅里叶变换(STFT)。

短时傅里叶变换的基本思想是:把信号划分成许多小的时间间隔,然后用傅里叶变换分析每一个时间间隔的信号,以确定时间间隔内信号的频率,如图 4-6所示。STFT 通过对信号的加窗处理,把时域信息变换成二维时-频域平面的信息。

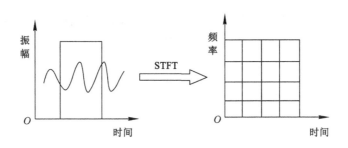

图 4-6 短时傅里叶变换

STFT 其实只是把函数 $x(t)$ 的傅里叶变换,改造成了加窗的函数 $x(t)-g(t-t')$ 的傅里叶变换。窗函数 $g(t)$ 在时域上是局部非零的,因此保证了变换结果能够反映 $x(t)$ 在某一区间的信息。最简单的窗函数就是矩形窗函数,但为了避免因信号截断引起的频谱缺失,一般采用两端衰减的窗函数,如高斯窗函数等。高斯窗函数的表达式为:

$$g(t) = e^{-a\frac{t^2}{2}} \tag{4-12}$$

式(4-12)中的窗函数参数 a 决定时窗的宽度。在选择时窗的时候,a 是确定的,因此窗口的宽度一经选定就不再变化。图 4-7 显示了对图 4-5 所示的正弦分段信号使用高斯窗函数进行局部化的结果。

短时傅里叶变换的二维时域-频域平面既能显示信号的频率分量,又可以显示各分量出现的时刻。因此,在一定程度上,短时傅里叶变换弥补了传统傅里叶变换易丢失时域信息的缺陷。这样,在快速傅里叶变换不适合的地方,STFT可以发挥重要的作用,由此产生了工业上的联合时频分析技术[76]。

短时傅里叶变换的局限性在于,变换所得信息的精度取决于所用时窗的大小:窗口越大,越能精确辨析低频信号成分的变化,但难以辨析窗内高频信号的变化;反过来,窗口越小,越能精确地辨析高频信号随时间的变化,但是对低频信号的特征失去了识别能力。也就是说,一定宽度的时窗只适合分析一定频率

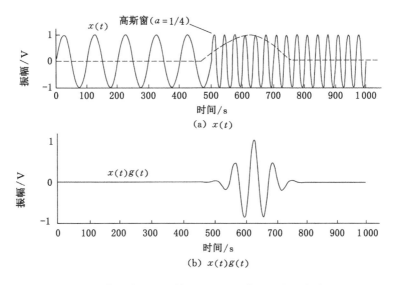

图 4-7 使用高斯窗函数对正弦分段信号进行局部化

范围内的信号。

在 STFT 对信号的变换过程中,时窗的大小是固定不变的。这样就导致无论如何选择时窗,总是无法同时获得瞬变分量和缓变分量的信息。事实上,应用 STFT,必须首先假定窗口内的信号是平稳的,但是在对信号没有了解清楚之前,这样的假设往往是不可靠的。当然,如果事先对信号的成分有一定的了解,就有可能选出比较恰当的时窗大小。但是,在多数情况下,待分析信号的特征是未知的或者变化的,因而我们也无法提前做出合适的选择。

如果信号的频域成分不随时间变化,我们就称之为平稳信号。例如,电力系统正常运行时的电压和电流,如果不考虑负荷的微小变化,就可以认为是平稳信号。对这样的信号,傅里叶变换完全能够反映它的特征,此时上文所提到的缺陷就是无关紧要的。可是我们所要研究的用于煤与瓦斯突出预测的煤体声发射信号具有非平稳信号的特征,如幅度衰减、频率变化等。这些特征往往是我们最关心的特征,而传统的傅里叶变换恰恰不适合检测分析它们。如果我们研究的对象是平稳信号,或者我们只关注信号所包含的频率分量,而不关注各频率分量发生的时刻,那么采用傅里叶变换完全能满足需求。但是,如果希望得到与频率变化相关的时间信息,就必须考虑其他途径。因此小波变换应运而生。

4.2.2 小波变换的优越性

通俗地讲,小波变换就好像用镜头相对于目标做平行移动,如图 4-8 所示,$x(t)$代表镜头所起的作用,τ相当于使镜头相对目标做平行移动,a的作用相当于镜头向目标推进或远离。当a较大时,频率分辨率较高,适合分析低频信号,可以做平滑部分(概貌)的观察;当a较小时,时间分辨率较高,适合分析高频信号,以便深入地观察信号的细节,对瞬态信号出现时间的估计较为准确[77]。

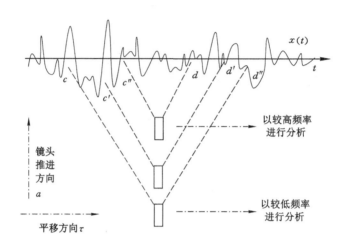

图 4-8 小波变换的粗略估计

(1) 小波变换的理论解释

小波变换的数学表达式如上文式(4-4)所示。下面详细解释式(4-4)中各元素的含义:

① $x(t)$是进行小波变换的函数,它必须满足平方可积的条件,即$\int |x(t)|^2 < \infty$。这个条件保证$x(t)$是一个有限能量的函数,这是小波变换收敛的必要条件。工程上所处理的信号一般情况下都是有限能量信号,因此这个条件容易满足。

② $\psi(t)$是母小波函数,之所以这样称呼,是因为在变换中由它的伸缩和平移会派生出一系列小波函数。并不是任何函数都可以称作母小波函数,它必须满足容许条件,即式(4-1),其中$\psi(\omega)$是函数$\psi(t)$的傅里叶变换。

研究表明,满足这个条件的函数必定具有正负交替的振荡波形,使得函数平均值为零;同时该函数在时域和频域都能够进行局部化分析,也就是说只有一个有限区间的函数值不为零,这就是"小波"的由来。小波曲线如图4-9所示。

图4-10是常用的墨西哥草帽小波的波形,其函数是高斯函数二阶导数的负数,即

$$\psi(t) = (1 - t^2)e^{-\frac{t^2}{2}} \tag{4-13}$$

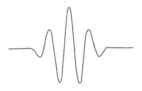

图 4-9　小波曲线

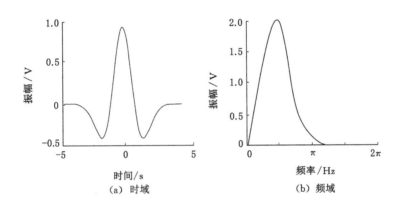

图 4-10　墨西哥草帽小波的时域和频域波形

它的傅里叶变换为：

$$\psi(\omega)=\sqrt{2\pi}\,\omega^2\mathrm{e}^{\frac{\omega^2}{2}} \tag{4-14}$$

可以验证这个函数是满足容许条件的，且从它的时域和频域波形可以看出该函数的局部性较好。

③ 系数 a、τ 是小波变换的重要参数。母小波函数的形状是固定的，只有通过尺度伸缩和时间平移，才能与信号波形进行比较计算，提取信号的特征信息。

所谓函数尺度的伸缩，指的是把一个函数的形状拉长或压缩。例如，对于函数 $f(t)$，其拉长两倍和压缩一半的函数分别为 $f(t/2)$ 和 $f(2t)$，如图 4-11 所示。我们可以把类似这样伸缩的函数用 $f(t/a)$ 来表示。显然，如果 $a>1$，函数将被拉长；如果 $0<a<1$，函数将被压缩。可以看出，如果被伸缩的函数是振荡的波形，那么拉长就意味着频率升高。小波变换正是依靠这种尺度的伸缩来实现对不同频率信号的检测。

函数平移时其形状保持不变，只在因变量轴上做平行移动，如果信号是时间函数，就在时间轴上平移，用 $f(t-\tau)$ 来表示。$\tau<0$ 表示左移，$\tau>0$ 表示右移。

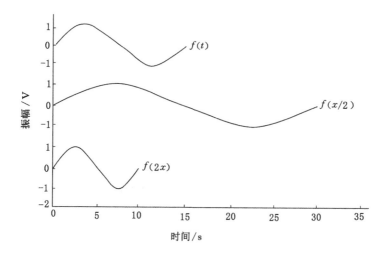

图 4-11　函数的尺度变换

如果被平移的函数值只在一个有限区间内不等于零,而在其他区间均为零,则平移之后函数值不为零的有限区间将发生变化。小波函数正是依靠函数的平移来分析不同时刻信号的局部性。

④ $WT_x(a,\tau)$ 为小波变换求得的系数,不同 a 和 τ 对应不同的 $WT_x(a,\tau)$ 值,这就构成了以尺度为横坐标、以位移为纵坐标的一个系数平面。该平面须用三维图形表示。具体来说,平移系数 τ 与信号发生的时刻相对应,尺度系数 a 反映了信号的频率特性。

(2) 小波变换的过程分析

仔细观察式(4-8)可知,连续小波变换所得到的每一个系数,其实都是先把信号函数与经过伸缩、平移的母小波函数相乘,再在整个时间段进行积分而得。具体变换过程如下所述:

① 选取母小波函数 $\psi(t)$,同时假设信号函数从零开始。此时信号函数与母小波函数零点对应,即 $\tau=0,a=1$,如图 4-12 所示。

② 将此时的小波函数与信号函数逐点相乘,并在整个时间域上积分,求得系数 C。由于小波函数总是在有限的区间为非零值,故只需要进行局部的运算即可得到 C。这个系数就是该信号的小波变换在 $\tau=0,a=1$ 时的值。

③ 保持小波波形不变,向右移动小波函数,使它与信号函数的下一段相对应。按照步骤②的方法计算下一个系数,如图 4-13 所示。如此方法向右平移小波函数,直到信号函数末尾。这样,尺度 $a=1$ 的一系列小波变换值即可求出。

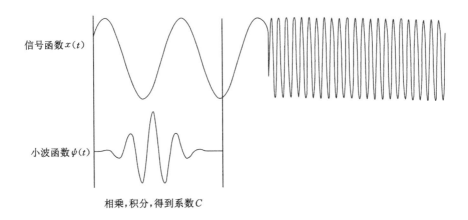

信号函数 $x(t)$

小波函数 $\psi(t)$

相乘,积分,得到系数 C

图 4-12 小波变换系数的求取

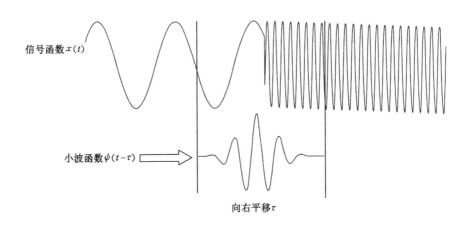

信号函数 $x(t)$

小波函数 $\psi(t-\tau)$

向右平移 τ

图 4-13 小波函数的平移

④ 改变尺度系数 a。例如,若 $a=2$,则小波函数扩展了一倍,如图 4-14 所示。再按照上述 3 个步骤的做法,求出相关系数。如此继续,就可以求出对应于各个尺度系数 a 和平移系数 τ 的小波变换值。

与傅里叶变换相比,小波变换就是把信号函数与小波函数相乘并且积分而得。这个运算相当于比较两个函数波形的相似性,波形越相近,则所求得的系数绝对值越大。不同点在于,傅里叶变换所比较的函数是一系列不同频率的正弦和余弦函数,理论上这些周期函数在时轴上将从负无穷大延伸到正无穷大,因此

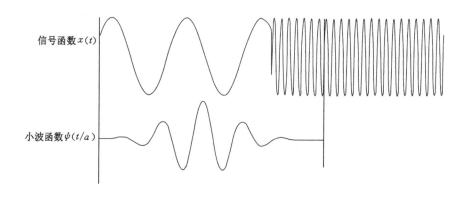

图 4-14　改变尺度系数得到的小波变换函数

无法区分各个频率分量在时间上的特征;而小波函数只在有限区间取非零值,这个区间大小还要随尺度系数的不同而变化,因此可以得到信号函数不同时刻的频率信息。例如,对如图 4-5 所示的正弦分段信号进行连续小波变换,就可以得到如图 4-15 所示的结果。

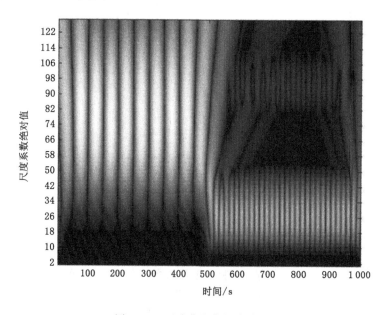

图 4-15　正弦分段信号小波变换

图 4-15 的纵坐标是尺度系数的绝对值,它与频率成反比,即尺度系数的绝对值越大,频率越低,尺度系数绝对值越小,频率越高。由图 4-15 可以看出,小

波变换不仅给出了信号的频率分量,还给出了各个分量所在的时间段。在 $t=$ 0～500 s 时间段,深颜色的区域集中在尺度系数绝对值比较小的地方,对应频率较低的 sin 10t 分量;在 $t=$500～1 000 s 时间段,深颜色的区域集中在尺度系数绝对值比较大的地方,对应频率较高的 sin 30t 分量。仔细观察可以发现,在 $t=$500 s 时刻,信号发生了突变,产生了高频成分,且高频成分集中在尺度系数绝对值接近于 0 的地方。

在小波变换中,分析窗的改变是通过改变尺度系数来实现的。由于小波函数的波形都是两边逐渐衰减的振荡波形,不同尺度系数小波的频率范围不同,宽度也不同。频率越低且变化越慢的小波函数,其时窗越宽;反之,频率越高且变化越快的小波函数,其时窗越窄。

小波分析的这一特征使它特别适合分析频率范围很大且包含突变和缓变分量的暂态信号。一般来说,突变信号分量持续的时间较短,对时间分辨率的要求较高,适合使用窄的时窗分析;缓变信号分量持续的时间较长,对频率分辨率的要求较高,适合使用宽的时窗分析。

综上所述,小波变换具有傅里叶变换无可比拟的优越性。因此,本书采用小波变换方法提取用于煤与瓦斯突出预测的煤体声发射信号。为更好地体现小波变换的优越性,下面从提高运算效率的角度来分析小波变换。

4.3　小波变换算法

前文所说的小波变换均指连续小波变换(CWT)。连续小波变换的优点是信息量大,能够反映信号特征的每一个细节,所以它非常适于离线数据的分析。但是正如连续傅里叶变换不适于工程应用一样,CWT 也因为存在计算量大、内存要求高等缺点而较少在实际中得到应用。同时,CWT 所得到的变换值存在很大的冗余,即各变换值之间不是独立的。因此,从压缩数据以及减小计算量的角度出发,通常采用离散栅格上的小波变换。

4.3.1　离散栅格上的小波变换

有的文献称离散栅格上的小波变换为离散小波变换,其指的是在时域和频域上对连续小波变换进行离散化的结果。在时域上的离散化,使得所处理的信号函数和使用的小波函数都成为离散的采样值;在频域上的离散化,则把尺度系数 a 变成离散的值。经过离散化后的小波变换值将是时间-尺度平面的离散点。离散化的目的是减少连续小波变换的信息冗余,同时保证能够反映信号的特征信息。

傅里叶变换最终能够得到广泛应用，一个关键的原因在于其快速算法（FFT）的提出。其实小波分析也存在自己的快速算法，即 Mallat 算法。Mallat 算法使用一系列滤波器组实现了离散栅格上小波变换的快速算法。

一般情况下，对尺度要按幂级数进行离散化，即令 $a=1,a_0,a_0^2,a_0^3,\cdots,a_0^j$；位移的离散化则要求均匀采样，只是不同尺度下的采样间隔不同，在第 j 尺度下，令 τ_0 为某一基本间隔，可取 $\tau=0,a_0^j\tau_0,2a_0^j\tau_0,3a_0^j\tau_0,\cdots,ka_0^j\tau_0$，此时小波变换可以转换为：

$$WT(a_0^j,k\tau_0)=\int x(t)\psi_{a_0^j,k\tau_0}^* \quad j=0,1,2,\cdots;k\in\mathbf{Z} \tag{4-15}$$

其中：

$$\psi_{a_0^j,k\tau_0}^*(t)=a_0^{-\frac{j}{2}}\psi(a_0^{-j}t-k\tau_0) \tag{4-16}$$

Mallat 算法要求变换所采用的离散栅格是 2 的幂级数，令 $a_0=2$，并且将 τ 轴归一化使 $\tau_0=1$，于是得到：

$$WT(j,k)=\int x(t)\psi_{j,k}^*(t)\mathrm{d}t \quad j=0,1,2,\cdots;k\in\mathbf{Z} \tag{4-17}$$

其中：

$$\psi_{j,k}^*=2^{-\frac{j}{2}}\psi(2^{-j}t-k) \tag{4-18}$$

4.3.2　小波算法

并不是任意小波函数都可以使用 Mallat 算法进行计算[77]，小波函数必须满足一定的条件才可采用。其中最基本的条件是小波函数经伸缩平移所形成的函数集合必须满足正交、半正交或双正交条件中的一个，即

$$\langle\psi_{j,k},\psi_{l,m}\rangle=\delta_{jl}\delta_{km} \quad j,k,l,m\in\mathbf{Z} \tag{4-19}$$

$$\langle\psi_{j,k},\psi_{l,m}\rangle=0 \quad j\neq l;j,k,l,m\in\mathbf{Z} \tag{4-20}$$

$$\langle\psi_{j,k},\widetilde{\psi_{l,m}}\rangle=\delta_{jl}\delta_{km} \quad j,k,l,m\in\mathbf{Z} \tag{4-21}$$

式中，$\psi_{j,k}$ 是母小波函数经过二进制离散化后的形式；$\widetilde{\psi}$ 是 ψ 的对偶式。

Mallat 算法虽说涉及多分辨率信号的分解与重建、函数空间的剖分以及二尺度差分方程的解析等，但其计算方法却非常简单，具有广泛的应用意义。

连续小波变换直接利用小波函数值进行计算，而 Mallat 算法则使用与小波函数密切相关的一组滤波器系数进行计算。在小波函数分解中，需要用两组滤波器系数 h_1 和 h_0 分别计算细节系数 c_D（小波系数）和平滑逼近系数 c_A。在信号重构中，也需要用两组滤波器系数 g_1 和 g_0 分别对细节系数和平滑逼近系数进行反变换，并组合成原信号。h_1 和 g_1 是高通滤波器系数，h_0 和 g_0 是低通滤

波器系数,如果小波函数满足正交条件,则 $h_1 = g_1$,$h_0 = g_0$。

在 Mallat 算法中,小波分解通过一系列滤波来实现,如图 4-16 所示。图中方框中的滤波器使用相关系数来代替。首先,信号 s 经过高通滤波器 h_1 得到细节系数 c_{D_1},s 经过低通滤波器 h_0 得到平滑逼近系数 c_{A_1}。由于经过滤波后的信号频带变窄,根据 Nyquist 定律,只取一半采样点就可以表示原信号的所有信息,所以此时对 c_{D_1} 和 c_{A_1} 分别进行"二抽取",即将序列每隔一个去掉一个,使其长度减半。

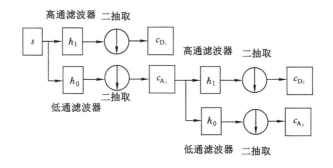

图 4-16　多分辨率分解算法

经过上面的运算后,我们已经得到了当尺度系数 $a = 1/2$ 时的离散小波系数 c_{D_1},若要求解其他尺度上的系数,则需要对平滑逼近系数 c_{A_1} 重复上面对 s 的滤波和二抽取,得到下一级的细节系数 c_{D_2} 和平滑逼近系数 c_{A_2}。如此反复,就可以计算出二进制离散栅格上的小波变换。在这里,由于是二进制离散栅格,第 1 尺度对应于 $a = 1/2$,第 2 尺度对应于 $a = 1/4$,以此类推。

Mallat 算法描述了利用各个尺度的细节系数 c_{D_i} 和平滑逼近系数 c_{A_i} 来重构原信号的过程。一般来说,以提取信号特征信息为目的的小波变换不需要进行重构,但是,由于下文谈到的原因,这一步必不可少。

4.3.3　细节分量的重构

用上述方法计算小波系数的确比采用连续小波变换方法效率高得多,但是当要求信号的各尺度系数与其时刻一一对应时,直接使用小波系数会遇到困难。首先,经过一级一级的二抽取,小波系数变得越来越小,而且由于滤波的卷积过程会增加一些额外的数据点,每次二抽取后小波系数并不是精确地减小一半,因此各级的小波系数不能对应。其次,二抽取会引入频谱的混叠,从而导致失真,这也不利于不同尺度下小波变换的对应。

要解决这个问题,可以对小波系数进行重构,以得到与原信号完全对应的细节分量 D,如图 4-17 所示。由图 4-17 可以看出,原信号的重构过程包含"二插值"和滤波过程。二插值是二抽取的逆过程,也就是在序列的每两个相邻采样点之间填补一个 0,使信号的长度加倍。滤波器系数使用的就是上面提到的 g_1 和 g_0。第 i 级的细节系数 c_{D_i} 和平滑逼近系数 c_{A_i} 经过二插值和滤波后,相加就得到了第 $i+1$ 级的平滑逼近系数。如此递推,就可以根据 c_{D_i} 和 c_{A_i} 得到原信号。

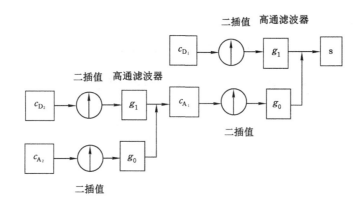

图 4-17　多分辨率重构算法

基于此,如果令第 i 级的平滑逼近系数 c_{A_i} 为 0,细节系数 c_{D_i} 也为 0,则重构得到的就是仅仅反映这一个尺度上细节系数的信号分量,也就是我们所要研究的细节分量,如图 4-18 所示。

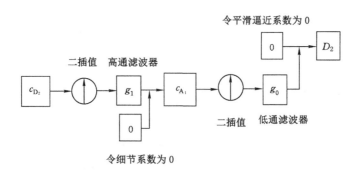

图 4-18　从细节系数求取细节分量的方法

4.4 小 结

本章通过小波变换与传统信号分析方法——傅里叶变换的对比分析,具体讨论了小波变换具有傅里叶变换所不具有的优越性,小波变换满足提取煤体声发射信号的条件。基于此,本书选用小波变换提取和处理煤体声发射信号。为充分体现小波变换的实用价值及优越性,本章主要从信号变换的角度研究了小波算法的具体运用。

5 煤体声发射信号去噪方法

本章主要讲述应用小波分析从含噪声的声发射信号中提取煤体声发射信号的方法,并对去噪处理过程中应该注意的问题做了详细介绍。

5.1 煤体声发射信号和随机噪声的小波变换

在数学上,奇异性常用李普西兹指数(以下简称李氏指数)来度量。李氏指数是表征函数局部特征的一种参数。

设函数 $f(t)$ 在 t_0 附近具有下述特征:

$$|f(t_0+h)-P_n(t_0+h)| \leqslant A |h|^\alpha \quad n<\alpha<n+1 \qquad (5\text{-}1)$$

则称 $f(t)$ 在 t_0 处的李氏指数为 α,式中 h 是一个充分小的量,$P_n(t)$ 是过 $f(t_0)$ 点的 n 次多项式($n \in \mathbf{Z}$),A 为某一控制常数。如果对一切 $t_0, t_0+h \in (a,b)$,式(5-1)均成立,则 $f(t)$ 在 (a,b) 上具有一致的李氏指数 α。某些特殊函数在奇异点的李氏指数见表 5-1。

表 5-1　某些特殊函数在奇异点的李氏指数

函数	图形	局部性质	李氏指数	说明
斜坡函数 $R(t-t_0)$		在 t_0 处一次可微,一阶导数不连续,分段线性	1	
阶跃函数 $U(t-t_0)$		在 t_0 处函数本身不连续,但取值有界且恒定	0	阶跃函数是斜坡函数的导数,所以其李氏指数为 0
δ 函数 $\delta(t-t_0)$			-1	δ 函数是阶跃函数的导数,所以其李氏指数为 -1
白噪声			$-\dfrac{1}{2}-\varepsilon$	$\varepsilon > 0$

如果 $f(t)$ 在 t_0 处的李氏指数不是1,则称 $f(t)$ 在 t_0 处是奇异的。如果 $f(t)$ 在 t_0 处不连续但有界,则李氏指数为0。由此可知,阶跃信号在跳变处的奇异度为0,冲激函数具有负的奇异性。由表5-1可知,白噪声是几乎处处奇异的,其李氏指数小于0。因此,李氏指数 α 反映了 $f(t)$ 在 t_0 点的光滑程度,α 值越大,函数 $f(t)$ 在该点越光滑。当尺度达到最大值时,模极大值则几乎完全由信号控制,而且其中对应于噪声的模极大值幅度必然低于一定的阈值。

5.1.1　突变的李氏指数与小波变换模极大值之间的关系

我们假定小波函数 $\psi(t)$ 是连续可微的,并且在无限远处的衰减速率为 $\left(\dfrac{1}{1+t^2}\right)$,当 t 在区间 $[a,b]$ 时,如果 $f(t)$ 的小波变换满足:

$$|W_s f(t)| \leqslant k s^\alpha \tag{5-2}$$

即

$$\log|W_s f(t)| \leqslant \log k + \alpha \log s \tag{5-3}$$

其中 k 是一个常数,则 $f(t)$ 在区间 $[a,b]$ 的李氏指数均为 α。

当 $s=2^j$ 时,可得:

$$|W_{2^j} f(t)| \leqslant k(2^j)^\alpha \tag{5-4}$$

或

$$\log_2|W_{2^j} f(t)| \leqslant \log_2 k + j\alpha \tag{5-5}$$

式(5-5)给出了小波变换的对数值随尺度 j 和李氏指数 α 的变化规律,对应信号奇异点的小波变换模极大值随尺度的变化也满足此规律。

由式(5-5)可知,当 $\alpha>0$ 时,小波变换模极大值随尺度 j 的增大而增大;当 $\alpha<0$ 时,小波变换模极大值则随 j 的增大而减小;当 $\alpha=0$ 时,小波变换模极大值不随尺度的改变而改变。图5-1清楚地反映了上述特征,即 $t=2$ 时,小波变换模极大值有一个阶跃($a=0$);$t=3$ 时存在一个 δ 函数($\alpha<0$);$t=1,4$ 时,小波变换模极大值出现 $\alpha>0$ 时的变化情况。

5.1.2　煤体声发射信号和随机噪声的小波变换特性

煤体声发射信号的有效反射波是连续可导的,其不连续点的值也是有界的,因此可以断定煤体声发射信号有效反射波的李氏指数大于0,其小波变换模极大值随尺度的增大而增大。

噪声在小波变换下具有的特征同信号的完全相反。白噪声可看作随机幅

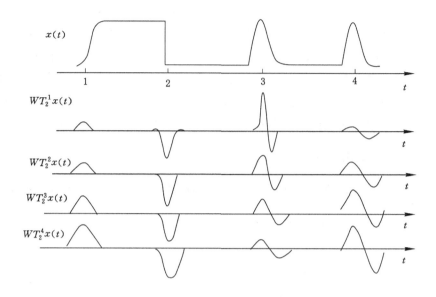

图 5-1　几种突变(瞬态)的小波变换极值与尺度的关系

度的脉冲信号在时间序列上的有序线性叠加,因此白噪声的小波变换特性与脉冲信号相同。随着二进尺度的增大,白噪声和脉冲信号的小波变换模极大值幅度及模极大值稠密度逐渐减小,并且尺度越小(频率越高),脉冲信号和白噪声中噪声成分的含量越高,如图 5-2 所示。噪声的能量主要集中于 1~2 个尺度上,噪声在小波变换下几乎是处处奇异的,其能量随尺度的增大迅速减小,因为噪声的平均幅度与尺度因子 2^j 成反比,平均模极大值个数与 2^j 成反比。信号函数在多数情况下光滑性要好一些,其能量存在于各个尺度上,但主要分布在 2 个以后的尺度上,在较小的若干个尺度上,信号的小波变换幅度随尺度的增大不会减小。相邻尺度上的局部模极大值几乎出现在相同的位置,并且在不同的尺度之间,各信号之间表现出很强的相关性。总体来说,一维离散信号的高频部分影响小波分解的高频第一层,低频部分影响小波分解的最深层及低频层。

由此可知,对应于有效反射波的小波变换模极大值随尺度的增大而增大。当尺度最小时,模极大值几乎完全由噪声控制;当尺度达到最大值时,小波变换模极大值则几乎完全由信号控制,而且其中对应于噪声的模极大值幅度必然低于一定的阈值。小波变换信号与噪声奇异性截然不同的表现特征为我们选择和确定一个用于取舍信号和噪声模极大值的阈值提供了条件。

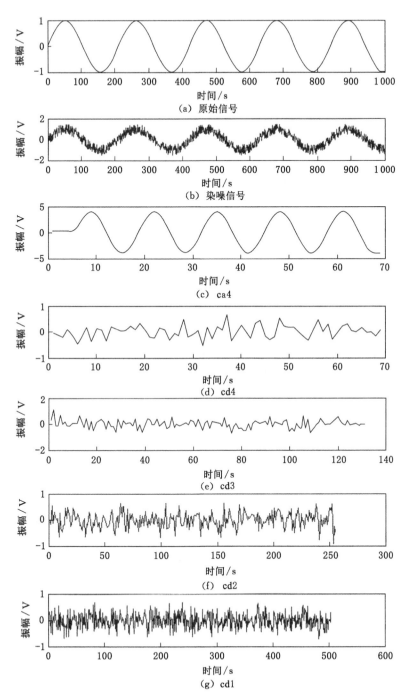

图 5-2　染噪信号的小波变换分解图

5.2 小波变换信号去噪方法设计

小波变换比较成功的一种应用是小波变换去噪,它的基本过程如图 5-3 所示。首先,传感器接收的信号须经过预处理。预处理的目的是最大限度地消除各种因素的干扰,提取待测信号。在煤与瓦斯突出预测中,经过预处理的信号主要包含用于突出预测声发射信号的主频段。

图 5-3　小波变换去噪基本过程

然后,将预处理过后的信号进行小波变换。在实际的工作中,小波变换都采用离散栅格上的小波变换。小波变换可以使一个信号的能量在小波变换域中集中于少数小波系数上。小波系数较大者,携带信号能量较大;小波系数较小者,其携带信号能量较小。这就意味着小波变换可在每一尺度因子下使噪声的小波系数减小,甚至为零,增大属于有价值信号的小波系数。

最后,进行小波变换的逆变换,恢复原始信号。这一过程最关键之处是选取什么样的策略来去除属于噪声的小波系数,增大我们所需信号的小波系数。目前常用的小波变换去噪方法有两种:阈值去噪和模极大值去噪。

5.2.1　小波阈值去噪方法

小波阈值去噪过程指直接对小波变换系数取一阈值,然后由保留下来的较大的小波系数重构原信号。

由小波分析理论可知,小波变换具有带通滤波的功能,可将信号划分成不同的频带,不同的尺度参数决定不同的滤波频带或小波子空间,且正交小波变换确定的各个小波空间无交集。对于含有噪声的煤体声发射信号来说,信号中的有用成分和噪声在频域上呈分离特性,通过小波变换可将信号分解到不同的频带上,且随着分解层数的增加,频率段划得越来越细。若信号分解前的频率范围为 $0 \sim f$,离散信号经尺度 $j = 1, 2, 3, \cdots, J$ 分解,得到信号 cd_1, $cd_2, cd_3, \cdots, cd_J$,若原信号的带宽为 $[0, f]$,则经过尺度为 3 的小波分解后,各个信号的带宽为:ca_3 为 $[0, f/2^3]$,cd_1 为 $[f/2, f]$,cd_2 为 $[f/2^2, f/2]$,cd_3 为 $[f/2^3, f/2^2]$。小波多分辨率示意图如图 5-4 所示。

对煤体声发射信号来说,由第 3 章的相关内容可知,用于突出预测的声发

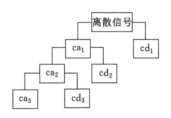

图 5-4　小波多分辨率示意图

射信号主频一般在 80.0～3 000.0 Hz 范围内。煤体声发射信号频带划分见表 5-2。

表 5-2　煤体声发射信号小波分析的频带划分

分解层	低频/Hz	高频/Hz
1	0～1 500.0	1 500.0～3 000.0
2	0～750.0	750.0～1 500.0
3	0～375.0	375.0～750.0
4	0～187.5	187.5～375.0

由分解过程可知,二进小波变换没有对高频段信号再进行分解,因而高频段信号的频率分辨率较低。这样对高频段信号设置阈值(不同频段信号设置的阈值大小是不一样的,要根据具体情况而定),使有价值信号与噪声分离,将某一或某些频带信号(噪声)的频率设置为零,处理过的高频段信号与低频段信号最后通过重构算法重构滤波后的信号。其中,低频段信号尽管仍然含有噪声信号,但由于用于突出预测的声发射信号频率比较高,所以即使它含有噪声也不会影响预测效果。

该方法并不复杂,但在应用时需要注意如下问题:

① 小波函数的选择。在小波分解时究竟选择什么样的小波函数才更有利于去除噪声?选用的小波函数不同,滤波效果就会有所不同,有时会相差很大。

② 分解层次的选择。小波分解几层,才能获得不失真的重构信号?这是消噪的关键性问题。

③ 阈值的选取及量化。如何选取阈值和进行阈值的量化?从某种程度上说,它直接关系信号消噪的质量。

小波阈值去噪方法比传统的滤波去噪方法效果提高了不少,基本上能够满足工程应用的需要。

5.2.2 模极大值去噪方法

模极大值去噪方法是 Mallat(马勒特)等提出的一种非线性消噪方法,它不同于传统的消噪方法,根据信号与噪声在多尺度空间中模极大值传播特性的不同而进行消噪处理。

在许多领域,信号波形上的突变点往往含有可供模式识别的丰富信息,因此,对突变信号的检测具有重要意义。小波变换模极大值通常与信号突变点相对应,如图 5-5 所示,因此可用小波变换模极大值检测信号突变点。

图 5-5 中给出了 $f(t)$、$f(t)\theta_a(t)$、$WT_a^{(1)}f(t)$ 和 $WT_a^{(2)}f(t)$ 的图形,明显地指出了函数 $f(t)$ 的突变点与小波变换的模极大值之间的关系。

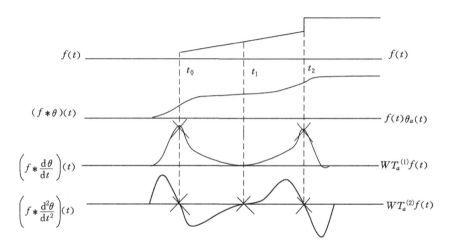

图 5-5　信号突变点与小波变换模极大值的关系

由图可见,信号的所有奇异点都能被模极大值点定位,因此信号在不同尺度上小波变换的模极大值包含了信号的重要信息,可以利用模极大值跟踪算法进行信号去噪处理。

利用小波变换模极大值进行信号去噪,首先需要通过检测小波变换系数模极大值的位置和幅度来完成对信号的表征和分析,然后寻找模极大值线。如上文所述,随着分解尺度的增大,信号和噪声所对应的模极大值分别增大和减小,这样通过比较相邻尺度上的模极大值,就可以区分噪声和信号。

寻找每级尺度上小波变换系数对应模极大值点的步骤为:

(1) 对最大尺度 2^j 的模极大值点进行处理。步骤为:① 搜索模极大值点的幅度,设为 A;② 噪声的模极大值幅度及密度随尺度的增大以二进制速率减小,使得最大尺度上的模极大值点主要由信号控制,但一些较小幅度的模极大值点仍然有可能由较低一级尺度上的噪声模极大值点传播而来,这主要取决于信噪比和选取的尺度。为此,我们设定下面的幅度门限 T_0:

$$T_0 = \frac{\log_2(1 + 2\sqrt{N})}{J + Z}A \tag{5-6}$$

式中　N——噪声功率,

　　　J——所取的最大尺度;

　　　Z——常数。

利用上述门限可将尺度 2^j 上幅度小于 T_0 的模极大值点去掉。

(2) 在尺度 $j-1(j=3,4)$ 上寻找尺度为 j 的小波变换模极大值点的传播点,即保留由信号产生的模极大值点,去除由噪声引起的模极大值点,具体方法见步骤(4)。

(3) 在尺度 j 上的模极大值点位置构造一个邻域 $O(n_{j_i}, \varepsilon_j)$,其中 n_{j_i} 为尺度 j 上的第 i 个模极大值点,ε_j 为仅与尺度 j 有关的常数。在尺度 $j-1$ 上的模极大值点中保留落在每一个邻域 $O(n_{j_i}, \varepsilon_j)$ 内的模极大值点,去除落在邻域外面的模极大值点,从而得到 $j-1$ 尺度上新的模极大值点。然后令 $j=j-1$,重复步骤(4),直至 $j=2$ 为止。

(4) 在 $j=2$ 时存在模极大值点的位置上,保留 $j=1$ 时相对应的模极大值点,在其余位置上将模极大值点置为 0。

利用这种方法可得到小波变换的模极大值,去除噪声对应的模极大值,然后由新的模极大值重构原信号,最终获得去噪后平滑的信号。

模极大值去噪方法是一种统计分析的方法,理论上讲去噪效果较好,但是其计算量大,实施起来难度较大。因此,一般情况下,采用阈值去噪方法就完全可以满足工程要求。

5.3　应用小波变换进行信号去噪的几个问题探讨

针对在消噪处理过程中遇到的问题,下面就小波分解层数、母小波函数和阈值的选取以及边界的处理等进行理论上的探讨分析。

5.3.1　母小波函数选取的依据

标准傅里叶变换所用的母函数是确定的,即正弦和余弦函数。在小波变换中,情况就显得复杂一些。上文已述及,凡是满足允许性条件的函数原则上都可以作为连续小波变换的母函数。不同的母小波函数具有不同的特征和适用范围。母小波函数的这些特征包括紧支撑性、对称性、正交性或双正交性、正则性、线性相位等[22]。处理问题时应根据实际情况来进行选择。必要时可根据具体情况创建自己的母小波函数。

之所以把小波变换应用于煤体声发射信号的提取与处理，主要是利用小波变换的信号突变检测能力、分频分析能力、时频局部化分析能力，以及以信号细节分量的极性为判据，而这些都是多数小波变换所具有的基本特点，因此，我们对小波函数的性能要求并不高。但是，由于该方法面对的是现场应用，所以必须保证可行性。

选取的母小波函数应具有以下特征：

① 正交性

使用非正交母小波函数对信号进行变换时，各尺度之间、不同时刻信号之间的系数是高度冗余的，也就是说各个小波系数之间是相关的。而使用正交母小波函数对信号进行变换时，得到的时间-尺度平面上的系数是互不相关的，这样就消除了相邻时刻信号之间的相互影响，对于判断声发射信号的波形和频率是有利的。因此母小波函数应具有正交性。

② 母小波函数为实数函数

复数函数小波变换可同时得到不同尺度下信号的幅度和相位信息，而幅度信息对于判断声发射信号具有重要意义。但是复数函数母小波函数往往都是很复杂的，也不容易使用快速算法实现，计算量较大。相比之下，实数函数母小波函数虽说只能得到一个实数系数，但其仍能反映信号中尖峰与尖断点的特征。因此选择实数函数母小波函数是合理的。

③ 时域紧支撑性

对于信号的局部分析，要求母小波函数在时域上具有紧支撑性，即存在区间 U，使得小波函数值在 U 之外的区间均为 0。简单地说，越窄的小波越适于时域信号的局部分析。因此要求母小波函数尽量窄一些。

④ 母小波函数的波形与所分析信号的波形一致

小波变换的本质就是把一个信号分解成一系列小波函数的组合，并将这个组合截取到某个期望尺度上而得到信号的一个近似表示。因此选取的母小波函数波形应与所分析信号的波形一致。例如，对于平滑信号的分析，应该选取平滑的函数；对于突变、阶跃信号的分析，采用具有方波性质的 Harr 小波可能是恰当的。

综上所述，声发射信号可以看成由一系列振幅、初相、频率不同的谐振信号组成，根据下文所述选用 Daubechies 小波较好。db4 小波为 Daubechies 小波的一种，它的小波函数与尺度函数如图 5-6 所示。

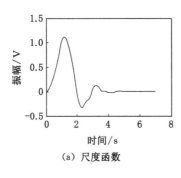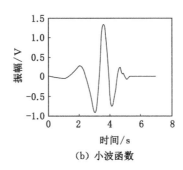

（a）尺度函数　　　　　　　　　　（b）小波函数

图 5-6　db4 小波的尺度函数和小波函数

紧支集正交性小波应用较广,是法国学者 Daubechies（多贝西）对尺度为 2 的整幂级 $(a = 2^j)$ 条件下的小波变换进行深入研究而提出来的一类具有以下特点的小波：

（1）在时域上是有限支撑的,即 $\psi(t)$ 长度有限,而且高阶 $\int t^p \psi(t) \mathrm{d}t = 0$, $p = 0 \sim N$;序号 N 愈大,$\psi(t)$ 的长度就愈大。

（2）在频域上,$\psi(\omega)$ 在 $\omega = 0$ 处有 N 阶零点。

（3）$\psi(t)$ 和它的整数位移正交归一,即 $\int \psi(t) \psi(t-k) \mathrm{d}t = \delta_k$。

（4）正则性随序号 N 的增大而增强。

Daubechies 小波是有限紧支撑正交性小波,且在小波分解过程中可以提供有限长序列的数字滤波器,满足了上述要求,所以本书选择 Daubechies 小波对采集的信号进行分析。Daubechies 小波的母小波函数可以构成多种不同的小波基。随着 N 的增大,尺度函数和小波函数的时域特征越来越明显,频域成分越来越集中,也就是滤波器的频域特征越来越明显。其实,我们不可能得到时域和频域分辨率无限小的函数,时域和频域分辨率也会相互制约。此外,在频域分辨率变大的同时,小波变换的计算量在急剧增大,这也不利于实时信号处理。

db8 小波（Daubechies 小波的一种）的尺度函数和小波函数如图 5-7 所示。对比图 5-6、图 5-7 可以看出,db8 小波比 db4 小波光滑性好,但从应用的实际出发,综合考虑小波的性质、信号的性质和硬件设计要求,本书选用 db4 小波。

5.3.2　小波分解与尺度选取

5.3.1 小节讨论了母小波函数的选取依据。那么,一个信号到底分解到多少个尺度上才算合适呢?这取决于待分解信号的最高频率和采样频率。

用于突出预测的声发射信号主频一般在 80～3 000 Hz,而噪声的频率分布

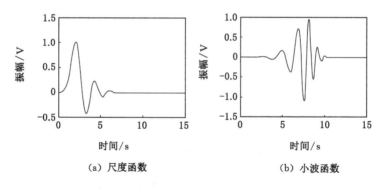

图 5-7 db8 小波的尺度函数和小波函数

在 80～2 000 Hz 范围内,因此利用小波分析时一方面要去除噪声干扰,另一方面要尽量不让谐波或者基波信号影响判断结果。

在去噪过程中,尺度越大,噪声和信号呈现的特征越明显不同,这有利于信号的去噪,但太大的分解尺度会引起信号的失真,使信号的重构误差过大。理论上信号可取的最大尺度为 $[\log_2 N]$,在实际应用时,我们一般取 4～6。Daubechies 小波构造了一个紧支撑性的正交小波,称为 dbN,其尺度函数和小波函数相当于滤波器。

设信号的采样率为 f_s,则根据小波分解的分频特性,在第一尺度上的小波系数大致反映了信号中 $f_s/2～f_s$ 频段的信息,第二尺度上的小波系数大致反映了信号中 $f_s/4～f_s/2$ 频段的信息,如此类推。因此,究竟分解到多少个尺度上才算合适? 以哪个尺度为判断依据? 这取决于信号分量所在的频段。

根据上文的分析,采用 $N=4$、尺度为 4 的 Daubechies 小波对采集的煤体声发射信号进行小波分析处理较为合适。

5.3.3 消噪中阈值的选取

利用小波分解进行信号去噪处理时,最关键的是如何选取阈值和进行阈值的量化处理。

阈值的选取有两种常用的处理方法:硬阈值处理和软阈值处理。硬阈值处理是首先比较信号小波变换系数的绝对值与阈值的大小,然后把小于或等于阈值的小波变换系数变为零,大于阈值的小波变换系数保持不变的方法。软阈值处理则是把小波变换系数大于阈值的点变为该小波变换系数与阈值的差值点的方法。二者用公式表示为:

$$\overline{W}_{2j}^{d}(k)=\begin{cases}W_{2j}^{d}(k) & |W_{2j}^{d}(k)|\geqslant\lambda \\ 0 & |W_{2j}^{d}(k)|<\lambda\end{cases}\quad\text{(硬阈值处理)}\qquad(5\text{-}7)$$

$$\overline{W}^{\rm d}_{2j}(k) = \begin{cases} {\rm sgn}[W^{\rm d}_{2j}(k)][\,|\,W^{\rm d}_{2j}(k)\,|-\lambda\,] & |\,W^{\rm d}_{2j}(k)\,| \geqslant \lambda \\ 0 & |\,W^{\rm d}_{2j}(k)\,| < \lambda \end{cases} \quad (\text{软阈值处理})$$

$$(5\text{-}8)$$

下面利用 Matlab 仿真软件对一段斜坡函数的原始信号(图 5-8)分别进行软阈值消噪处理和硬阈值消噪处理(图 5-9),通过仿真结果比较两种阈值处理的效果。

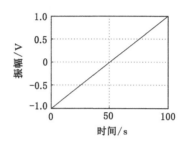

图 5-8　斜坡函数的原始信号

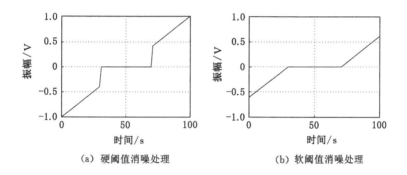

（a）硬阈值消噪处理　　　　　　　（b）软阈值消噪处理

图 5-9　硬阈值与软阈值消噪处理信号

由图 5-9 可知,我们可以明显看出软阈值处理是对硬阈值处理的扩展,它首先令小波变换系数绝对值小于阈值的元素等于 0,然后将其余非零的元素缩小。由此可得,硬阈值去噪虽然简单,但效果不如软阈值去噪效果好。在去噪要求不高的条件下,可以应用硬阈值去噪,但对信号微弱、噪声成分含量大且去噪要求高的声发射信号,选用硬阈值去噪显然是不合理的,因此本书选用软阈值去噪处理。

在对阈值选取之后,接下来要进行阈值的量化处理。在用小波变换系数进行信号去噪时,阈值量化处理是整个算法的关键,阈值选取的合适与否直接影响信号去噪的效果和重构信号的失真程度。如果阈值选取过大,虽然能够减少重构信号中残留的噪声成分,但会使信号有较高程度的失真,因为阈值过大抑制了有效信号中较小的小波变换系数;反之,减小阈值能降低重构信号的失真程度,但恢复的信号中残留的噪声增多。

阈值选取的主要前提条件为:① 滤波后的信号要至少和滤波前的信号有同样的光滑性;② 滤波后的信号可得到一个最小均方误差。通常情况下,阈值的选取公式为:

$$T(j) = \sigma_r(j)\sigma\sqrt{2\log N} \tag{5-9}$$

式中　$\sigma_r(j)$——噪声在变换域中不同尺度 j 上的传播系数;

　　　σ——噪声标准差;

　　　N——信号采样点数。

在式(5-9)中,有 2 个参数需要确定:第一个是 $\sigma_r(j)$,这是一个反映噪声在小波变换域模极大值在不同尺度上传播特征的参数值,在实际处理时 $\sigma_r(j) = [1.0, 0.7, 0.05, 0.001]$(最大尺度为 4);第二个是 σ 值,这是一个反映附加噪声强度大小的参数,即噪声的标准差。由于在小波变换中,信号和随机噪声存在如下的变换特征:随机噪声在小波变换中能量主要存在小尺度(如尺度 1、2 等)上,随着尺度的增大,其值迅速减小;而信号的变换特征恰好与此相反。因此,可以通过下述处理方法来估算噪声的标准差 σ。

首先,进行含噪声的煤体声发射信号在尺度 1 和尺度 2 上小波变换相关计算,计算公式为:

$$CR(k) = W_{21}^d(k) * W_{22}^d(k) \quad k = 1, 2, 3, \cdots, N \tag{5-10}$$

其中,$W_{21}^d(k)$ 和 $W_{22}^d(k)$ 分别为尺度 1 和尺度 2 上的小波变换系数值。对式(5-10)进行归一化处理,即

$$CR(k) = CR(k) \cdot \sqrt{\sum_k [W_{21}^d(k)]^2 / \sum_k CR(k)} \tag{5-11}$$

然后将 $CR(k)$ 与 $W_{21}^d(k)$ 进行比较,若 $CR(k) \geqslant |W_{21}^d(k)|$,则认为该点主要是由信号引发的小波变换值。经过这样处理后,所保留在尺度 1 上的小波系数就可以近似认为去除了信号而仅保留噪声的小波变换值,于是就可利用式(5-12)估算噪声的标准差 σ。

$$\sigma = \frac{1}{\sqrt{2}} \frac{E |W_{21}^d(k)|}{\|\psi\|} \tag{5-12}$$

这是在选用阈值去噪处理时常用的阈值选取原则,但在实际应用中可以根据此原则适当地调整阈值的大小。

5.3.4　边界的处理

在现实生活中所分析的任何信号都是有长度限制的,在计算机中表示为有

限数目的采样点。这就引出了信号的截断问题,为此本书只分析有价值的那部分信号,即只对部分煤体声发射信号进行分析。

对图 5-10 所示的截断部分信号进行分析,就会引起所谓的边界效应。由于边界处可能正好是幅度较大的地方,这样就会造成边界上信号值发生突变。这个突变将导致在信号两侧出现明显的小波变换系数差异。

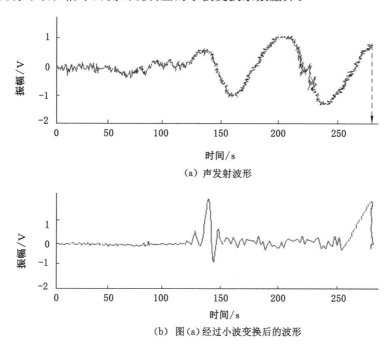

（a）声发射波形

（b）图(a)经过小波变换后的波形

图 5-10　截断引起小波变换发生边界效应

小波变换在边界上出现的这种情况对上文提出的算法非常不利。如前所述,分析尺度的选择需要搜索小波变换细节分量的最大值,而边界上出现的信号突变有可能比突出时的突变还要明显,这样就会导致错误的选择。

消除边界效应可以使用加平滑窗的方法,其可使信号幅度在两边逐渐衰减到零,消除幅度突变。不过这需要先对信号进行处理,在数据量比较大的情况下,这将是非常耗时的做法。

此外,假定在边界上小波变换信号幅度线性衰减到零,那么通过平滑过渡数据点的方式也可消除边界效应。该方法所要求的计算量不大,虽然效果比加平滑窗要差些(在边界上一阶导数可能不连续),但综合考虑更可取。

针对煤体声发射信号,对边界效应的处理可以更自由一些。因为作为判据的小波变换系数仅是数据段很小的一部分,可以人为地把变换后的细节分量两端去掉若干点,使它们对煤体声发射信号不造成影响。此时只分析中间的数据段即可。经过仿真验证,这种做法效果较好。

5.4 小　　结

本章论述了应用小波变换从含噪声的煤体声发射信号中提取煤体声发射信号的方法。同时,对于小波变换在实际应用中存在的一些问题,如母小波函数的选择、分解尺度的确定和边界效应的处理等也进行了详细的分析和总结。

6　数值仿真

仿真是用数学模型研究真实系统在规定时间内所展现的特征,不受规模大小、复杂程度的限制,并且具有经济、安全、可靠、不受外界条件限制等优点,因此须用仿真技术验证前文所研究的去噪处理方法的可行性。

目前仿真方法有多种,可运用 C 语言或 C＋＋语言进行编程仿真,也可用 EDA 等对某些特定系统进行仿真,但这些软件或要求有较高的编程技术,或专业性太强,功能单一,不能满足实际需要,而 Matlab 软件正好弥补了这些缺陷。

6.1　Matlab 软件简介

Matlab 是美国 MathWorks 公司在 1990 年开发的产品,它集数据分析与科学计算于一体,有强大的交互式设计和数据可视化分析功能,是数学、控制设计等领域的重要高科技软件,已成为一款较为实用的仿真软件。它作为一种科学计算语言,适用于矩阵计算及控制和信息处理等领域的分析设计,具有编程效率高、扩充能力强、交互性好、用户使用简单、移植性和开放性好、语言简单、内容丰富等特点。

Simulink 是 Matlab 最重要的组件之一,它提供了一个从建模到仿真以及进行综合分析的集成环境,具有适应面广、仿真精细、效率高等优点。它支持连续的、离散的以及两者混合的线性和非线性系统。Simulink 为用户提供了一个便于建立模型的图形用户接口(GUI),只需简单操作鼠标就可以在工作窗中方便、快捷地画出系统模型并进行仿真。

Matlab 中的小波工具箱是众多工具箱中的一种,在 Matlab 命令中直接输入 Wavemenu 即可启动小波分析工具箱,在小波工具箱内可以直接将待处理信号导入,然后调用各种命令,在处理完后还可生成代码,方便以后调用。Matlab 中的小波工具箱提供了全面的小波变化及其应用的各种功能,其中小波去噪利用了 Donoho 和 Johnstone 提出的去噪算法,而且可以使用图形界面操作工具或去噪函数集合两种形式。其中,图形界面操作工具直观易懂,而去噪函数集合可以实现更加灵活强大的功能。同时,Matlab 工具箱内已经封装好了与小波分析相关的子程序,程序的使用者可以根据自己的需求随时调用这些子程序,省去了之前那种复杂且烦琐的工作。

Matlab 软件具有以下特点:

(1)符号计算及数值计算比较简单、高效,省去了许多烦琐复杂的工作。

(2)具备良好的可视化功能,可将程序最终的计算结果一目了然地显示出来,为相关人员做分析和比较提供了方便。

(3)界面友好,易于掌握和学习,语言简单好用,符合用户的习惯。

(4)具备完善且功能强大的工具箱,为设计人员省去了很多不必要的繁杂工作。

6.2　仿真注意事项及解决问题的方法

在对煤体声发射信号提取方法的仿真中,须用到小波工具箱中的部分函数,下面对主要函数的使用方法及注意事项进行说明。

(1)wavedec 函数[76]

该函数功能:多尺度一维小波分解(一维多分辨分析函数);格式:① [C,L] = wavedec(X,N,′wname′); ② [C,L] = wavedec(X,N,Lo_D,Hi_D)。

说明:wavedec 函数用小波或分解滤波器完成对信号 X 的一维多尺度分解,N 为尺度,且是严格的整数。输出参数 C 是由 $[ca_j, cd_j, cd_{j-1}, \cdots, cd_1]$ 组成,L 是由 $[ca_j$ 的长度,cd_j 的长度,cd_{j-1} 的长度,$\cdots$,cd_1 的长度,X 的长度$]$ 组成。

给定一个长度为 N 的信号系数 S,离散小波分解最多可以把信号分解成 $\log_2 N$ 个频率级。第一步分解开始于信号系数 S,分解后分解系数由两部分组成:低频系数向量 ca_1 和高频系数向量 cd_1,向量 ca_1 由信号系数 S 与低通分解滤波器 Lo_D 经过卷积运算得到,向量 cd_1 由信号 S 与高通分解滤波器 Hi_D 经过卷积运算得到,如图 6-1 所示。

(2)appcoef 函数

该函数功能:提取一维小波变换低频系数 A;格式:① A = appcoef(C,L,′wname′,N);② A = appcoef(C,L,′wname′);③ A = appcoef(C,L,Lo_R,Hi_R);

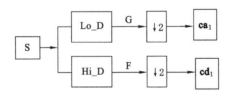

图 6-1　信号的一阶分解

④ A＝appcoef(C,L,Lo_R,Hi_R,N)。

说明:该函数是一个小波分析函数,它用于从小波分解结构[C,L]中提取信号的低频系数,其中[C,L]为小波分解结构,wname 为小波函数,N 为尺度。格式①中计算尺度 N 必须为一个正整数,且 $0 \leqslant N \leqslant$ length(L)－2,其用于一维分解低频系数;格式②用于提取最后一尺度[尺度 N＝length(L)－2]的小波变换低频系数;格式③、④用于滤波器 Lo_R 和 Hi_R 提取信号低频系数。

（3）thselect 函数提取

该函数功能:获取去噪过程的阈值;格式:THR＝thselect(X,TPTR)。

该函数自适应阈值的选择规则包括以下 4 种:

① ＊TPTR＝′rigrsure′,自适应阈值选择使用 Stein 的无偏风险估计原理。

② ＊TPTR＝′heursure′,使用启发式阈值选择。

③ ＊TPTR＝′sqtwolog′,阈值等于 sqrt[2 ＊ loglength(X)]。

④ ＊TPTR＝′minimaxi′,用极大极小原理选择阈值。

（4）detcoef 函数

该函数功能:提取一维小波变换高频系数;格式:① D＝detcoef(C,L,N);② D＝detcoef(C,L)。

说明:该函数是一个一维小波分析函数,它与 appcoef 函数相对应,用来计算一维小波变换后的高频系数。格式①提取尺度 N 必须为一个正整数,且 $0 \leqslant$ N $\leqslant$ length(L)－2,分解结构为[C,L]的一维高频系数;格式②用于提取最后一尺度[尺度 N＝length(L)－2]的一维分解高频系数。该函数返回一个向量,且器尺度为 length(S)/2^N。

利用 wavedec 函数、appcoef 函数、detcoef 函数等解决问题的方法为:

运用上述函数对小波工具箱自带函数进行小波分解,在 Matlab 提示符下键入如下程序:

load noissin;s＝noissin;

[c,l]＝wavedec(s,4,′sym8′);

subplot(6,1,1);plot(s);title(′原始信号′);

a4＝appcoef(c,l,′db4′,4);subplot(6,1,2);plot(a4);Ylabel(′a4′);

d1＝detcoef(c,l,1);subplot(6,1,6);plot(d1);Ylabel(′d1′);

d2＝detcoef(c,l,2);subplot(6,1,5);plot(d2);Ylabel(′d2′);

d3＝detcoef(c,l,3);subplot(6,1,4);plot(d3);Ylabel(′d3′);

d4＝detcoef(c,l,4);subplot(6,1,3);plot(d4);Ylabel(′d1′);

输出结果如图 6-2 所示。

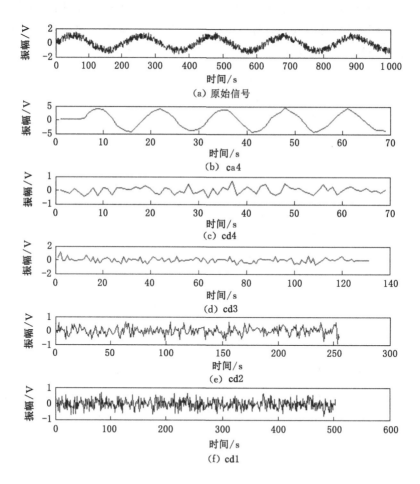

图 6-2　4 层小波分解图

（5）waverec 函数

该函数功能：多尺度一维小波重构；格式：① X＝waverec(C,L,′wname′)；② X＝waverec(C,L,Lo_R,Li_R)。

说明：该函数用指定的小波函数或重构滤波器对小波分解结构[C,L]进行多尺度一维小波重构，它是 waverec 函数的逆函数。

（6）wnoise 函数

该函数功能：产生含噪的测试函数数据；格式：① X＝wnoise(NUM,N)；② [X,XN]＝wnoise(NUM,N,SNRAT)；③ [X,XN]＝wnoise(NUM,N,SNRAT,INIT)。

这里需要指出的是，该函数主要用来产生一个含噪声的测试函数，其中，NUM 为产生函数的类型；N 表示采样点个数，为 2^N 个，SURAT 为信噪比，X 为含噪的信号；XN 为不含噪声的信号。

（7）wthresh 函数

该函数功能：进行软阈值或硬阈值处理；格式：Y＝wthresh($\mathbf{X}$,SORH,T)

说明：该函数用于对信号 $\mathbf{X}$ 进行软阈值或硬阈值量化处理。向量 $\mathbf{X}$ 为待处理的信号，T 是阈值的大小（T＞0），SORH 参数用于软硬阈值的选择。

如果 SORH＝′s′，则为软阈值处理。对于软阈值处理，Y＝wthresh($\mathbf{X}$,′s′,T) 返回的是 Y＝SIGN($\mathbf{X}$)·$(|\mathbf{X}|-T)_+$，即把信号的绝对值与阈值进行比较，小于或等于阈值的点变为 0，大于阈值的点变为该点信号的绝对值与阈值的差值。

如果 SORH＝′h′，则为硬阈值处理。对于硬阈值处理，Y＝wthresh($\mathbf{X}$,′h′,T) 返回的是 Y＝$\mathbf{X}$·$1_{(|\mathbf{X}|>T)}$，即把信号的绝对值与阈值进行比较，小于或等于阈值的点变为 0，大于阈值的点变保持不变。一般说来，用硬阈值处理后的信号比用软阈值处理后的信号更粗糙。

下面对图 6-3(a)所示的原始信号进行软阈值消噪处理。在 Matlab 提示符下键入如下程序：

```
snr＝4;
init＝2055615866;
[serf,s]＝wnoise(1,11,snr,init);
subplot(3,1,1);plot(serf);
title(′参考信号′);
subplot(3,1,2);plot(s);title(′染噪信号′);
[c,l]＝wavedec(s,4,db4′);
```

```
a4＝appcoef(c,1,′db4′,4);
d4＝detcoef(c,1,4);
d3＝detcoef(c,1,3);
d2＝detcoef(c,1,2);
d1＝detcoef(c,1,1);
softd1＝wthresh(d1,′s′,2.533);
softd2＝wthresh(d2,′s′,1.893);
softd3＝wthresh(d3,′s′,1.997);
softd4＝wthresh(d4,′s′,0.758);
c2＝[a4 softd4 softd3 softd2 softd1];
s2＝waverec(c2,1,′db4′);
subplot(3,1,3);plot(s2);title(′给定软阈值消噪后的信号′);
```

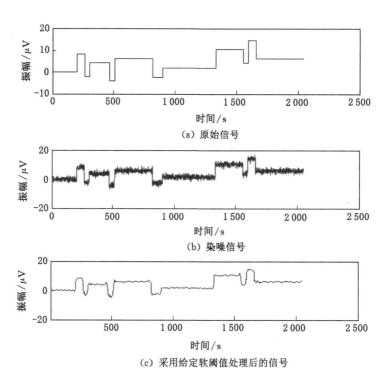

（a）原始信号

（b）染噪信号

（c）采用给定软阈值处理后的信号

图 6-3　软阈值消噪处理

6.3 声发射信号提取方法的仿真及结果分析

仿真是借助于系统模型对真实系统进行试验研究的一门综合性技术,它利用物理或数学方法建立模型,从而达到认识和改造实际系统的目的。因此,仿真首先需要建立模型。

6.3.1 煤体声发射信号的数学模型

瞬态信号指经过一段时间后信号幅度趋于零或一个常数的强时变、短时段信号,它是反映系统突然变化的重要信息,具有短时、非平稳、宽频带、能量集中等特点[21]。如在 RLC 电路中,当电路突然断开或闭合时,电路中电流的变化为一瞬态信号。它是呈指数函数振荡衰减的,数学表达式为:

$$x(t) = A\,\mathrm{e}^{-\alpha t}\sin(\omega t + \varphi) \quad \alpha > 0$$

煤体声发射信号实际上可以看成由一系列振幅、初相、频率不同的谐振信号组成,如图 3-7 所示。其数学模型可表示为:

$$s(t) = \sum_{n}^{N} A_n \exp[-\alpha_n(t - t_{0n})]\sin[2\pi\xi_n(t - t_{0n}) + \phi_n] \times U(t - t_{0n})$$

式中　$s(t)$——模拟信号;

A_n——第 n 个瞬态信号的幅度;

α_n——第 n 个瞬态信号的衰减系数;

t_{0n}——第 n 个瞬态信号的到达时间;

ξ_n——第 n 个瞬态信号的频率;

ϕ_n——第 n 个瞬态信号的初相;

$U(t)$——单位阶跃数。

如前所述,煤体声发射信号衰减速度快,振幅为 0.3～3.5 μV,而用于预测煤与瓦斯突出的有效声发射信号的频率在 80～3 000 Hz。因此,这里 A_n 的取值范围为 0.3～3.5 μV。下面分别对振幅、频率、衰减系数取值,通过计算得出的 ξ_n 取值范围为 12.74～477.71 Hz,该频率在预测煤与瓦斯突出的有效声发射信号频率区间内。

振幅、频率、衰减系数的取值:振幅为 3.5 μV、0.5 μV、2.0 μV、0.7 μV、2.5 μV、1.1 μV、1.5 μV、0.5 μV、1.9 μV、3.0 μV;频率为 13 Hz、33 Hz、53 Hz、73 Hz、83 Hz、100 Hz、93 Hz、150 Hz、400 Hz、300 Hz;衰减系数为 −0.5、−0.6、

-0.7、-0.8、-0.9、-1、-0.2、-0.1、-0.4、-0.3。

由以上数据组成的函数,通过不同的叠加方式形成的波形如图 6-4 所示。其小波分解图如图 6-5 所示。

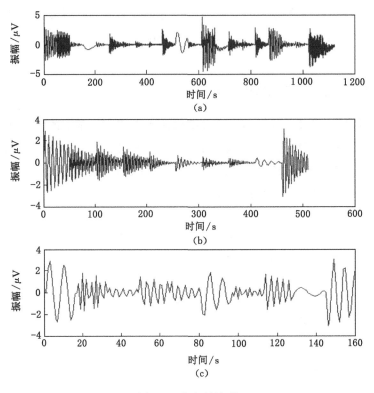

图 6-4 声发射波形

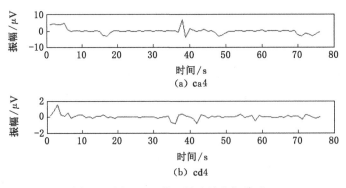

图 6-5 图 6-4(a)的 4 层小波分解波形

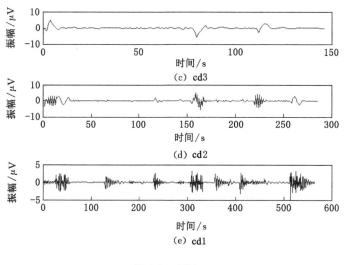

(c) cd3

(d) cd2

(e) cd1

图 6-5 （续）

6.3.2 利用阈值法对煤体声发射信号去噪仿真

按照第 5 章所述的去噪方法对煤体声发射信号去噪仿真，以验证该方法的有效性。利用所研究的去噪方法对煤体声发射信号进行去噪处理。

井下的噪声信号主要是机械噪声和电子仪器运转产生的噪声，而这些噪声都是高斯白噪声。下面详细叙述利用阈值法对煤体声发射信号去噪仿真的步骤。

（1）对声发射信号进行一维小波分解

选用"db4"小波函数对煤体声发射信号进行 4 层小波分解。图 6-6 为煤体声发射原始信号。图 6-7 为加高斯白噪声的煤体声发射信号。图 6-8 为加噪信号的小波分解图。

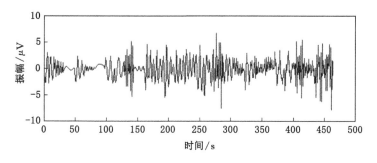

图 6-6 原始信号

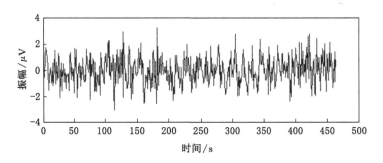

图 6-7　加噪信号

（2）对小波分解高频系数阈值进行量化处理

对如图 6-8 所示的加噪信号进行软阈值量化处理，第 1～4 层小波分解选择的阈值分别为 0.856、0.635、0.489、0.364。

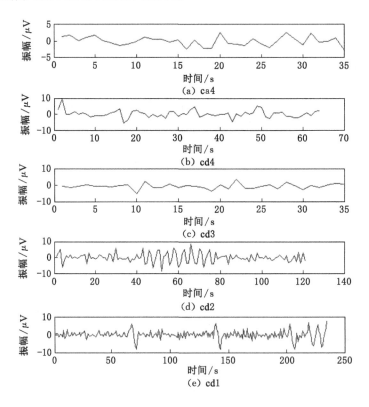

图 6-8　加噪信号小波分解图

（3）重构一维小波

根据小波分解的最低层低频系数和各层高频系数进行一维小波重构。重构（消噪）后的信号如图 6-9 所示。

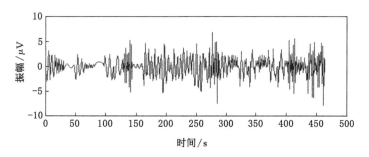

图 6-9　给定软阈值消噪后的信号

对消噪后的信号（图 6-9）和原始信号（图 6-6）比较可得，经过阈值消噪后的信号基本上能够消除噪声。此外，经过多次仿真，从消噪结果看，经过阈值消噪后的信号除仍含有少许噪声外，完全能够满足工程需要。所以阈值消噪能够有效地进行煤与瓦斯突出预测。

6.3.3　利用模极大值进行信号消噪处理仿真

小波变换是线性变换，因此当观察值由信号与噪声线性组合而成时，观察值的小波变换也由信号的小波变换和噪声的小波变换相加而成。如果噪声是白噪声，那么随着小波尺度的增大，即积分范围的扩大，白噪声的模极大值会显著减小，而且由于白噪声的李氏指数小于 0，故其小波变换的幅度随 j 的增大而减小。这样，在尺度较大的情况下剩余的模极大值点将主要是信号的模极大值点，以此为基础，可以采用由粗及精的策略跟踪信号，并将属于噪声的那部分去除。利用模极大值进行信号消噪处理仿真的步骤如下：

（1）对采集的信号进行小波变换，选择 db4 小波为小波基对信号进行尺度为 4 的小波分解处理。

（2）按第 5 章所述的算法规则选择阈值，并将各尺度的模极大值与之比较，然后做去噪处理。

（3）通过小波逆变换，应用 Mallat 算法对修改的各尺度模极大值进行信号重构。

信号去噪流程图如图 6-10 所示。

从仿真效果看，经过模极大值消噪后的信号同样达到了消噪的效果。尽管

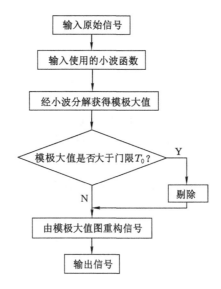

图 6-10　信号去噪流程图

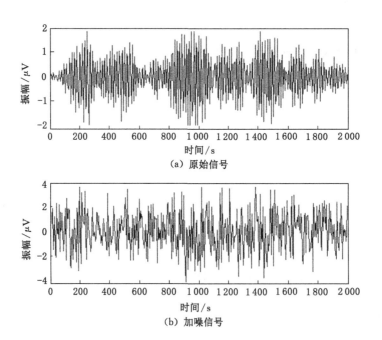

图 6-11　模极大值去噪处理

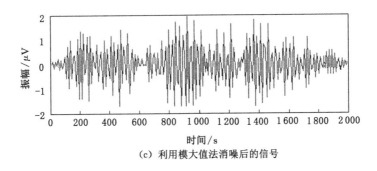

（c）利用模大值法消噪后的信号

图 6-11 （续）

本书只是从理论上分析和验证了利用小波变换提取煤体声发射信号的可行性，但很大程度上也为小波分析、煤体声发射信号应用于煤与瓦斯突出预测和声发射仪的研制奠定了一定的理论基础。随着计算机技术的发展，相信声发射仪一定会在煤与瓦斯突出预测中起到应有的作用。

6.4　小　　结

根据第 5 章所提出的信号去噪方法，本章着重通过仿真来研究这些方法的去噪效果。仿真所使用的信号尽量依照实际系统的情况选取，以便最大限度地保证去噪结果的有效性。通过讨论分析，验证了前文我们所研究的去噪方法的可行性。

7 结　　论

本书通过分析煤体声发射信号及其中噪声的特征,提出了用小波分析提取煤体声发射信号,并利用煤体声发射信号特征进行煤与瓦斯突出预测的方法。

同以往的预测方法相比,本书将煤体声发射信号作为研究对象,采用的预测方法建立在波形分析的基础之上,较好地解决了以下几个方面的问题。

(1)将煤体声发射信号作为研究对象,实现了煤与瓦斯突出的非接触式连续预测,适应了煤矿生产的需要。

(2)把小波变换用于煤体声发射信号的去噪处理。利用小波变换方法将声发射信号在不同尺度上进行分解,对声发射信号的低频部分和高频部分进行详细的分析,从而提取声发射源的特征信息。传统的信号处理方法——傅里叶变换本身不具有时间局部化特征,因而不能直接实现时变滤波。

(3)采用了小波域阈值和模极大值方法进行去噪处理,这两种方法都能达到预期去噪效果。振幅低于某个值的声发射信号,即使其代表真正的声发射信号,也不是必需的(也就是说,舍弃这些数据不会影响预测的效果)。因此,采用阈值滤波,不但可以使数据的表示更"清晰",易于解释,而且由于其总的数据量被缩减,一方面能突出真正预测时的声发射信息;另一方面能切实达到消除外来数据干扰,降低噪音的目的。

(4)小波分析作为傅里叶分析的重大突破,在突出预测方面的应用还只是开始,用于声发射信号分析处理仍处于研究探索阶段。目前,尽管针对声发射信号已经提出了一些以小波变换为基础的信号处理方法,但是,小波变换理论尚不完善,最优小波基的选取仍需进一步研究。

鉴于所研究的煤体声发射信号提取与处理方法的不足,本书在煤与瓦斯突出预测中,采用了多种煤体声发射方法并用的方式,充分发挥了各种方法的优点,同时又避免了某些情况下方法的失效。

参 考 文 献

[1] 康厚清.预测突出的 AE 声发射信号自适应滤噪方法[D].北京:煤炭科学研究总院,2001.

[2] WANG K,DU F.Coal-gas compound dynamic disasters in China:a review [J].Process safety and environmental protection,part b,2020,133:1-17.

[3] MA Y K,NIE B S,HE X Q,et al.Mechanism investigation on coal and gas outburst:an overview[J].International journal of minerals,metallurgy and materials,2020,27(7):872-887.

[4] 罗甲渊.煤与瓦斯突出的能量源及能量耗散机理研究[D].重庆:重庆大学,2016.

[5] RUDAKOV D, SOBOLEV V. A mathematical model of gas flow during coal outburst initiation[J]. International journal of mining science and technology, 2019,29(5):791-796.

[6] ODINTSEV V N,SHIPOVSKII I E.Simulating explosive effect on gas-dynamic state of outburst-hazardouscoal band[J].Journal of mining science,2019,55(4): 556-566.

[7] JI F. Analysis of outburst disaster characteristics and countermeasures of 3 ♯ coal seam in Hancheng mining area[J]. IOP conference series: earth and environmental science,2020,514(2):022039.

[8] WOLD M B,CHOI S K.Outburst mechanisms:coupled fluid flow-geomechanical modelling ofmine development[R].[S.l.:s.n.],1999.

[9] ZHANG Q, YANG C L, LI X C, et al. Mechanism and classification of coal and gas outbursts in China[J]. Advances in civil engineering, 2021. 2021(13):5519853.1-5519853.12

[10] 高魁,乔国栋,刘泽功,等.煤与瓦斯突出机理分类研究构想及其应用探讨 [J].采矿与安全工程学报,2019,36(5):1043-1051.

[11] 师皓宇,马念杰,许海涛.基于能量理论的煤与瓦斯突出机理探讨[J].中国安全生产科学技术,2019,15(1): 88-92.

[12] 徐涛,唐春安,宋力.含瓦斯煤岩破裂过程流固耦合数值模拟[J].岩石力学与工程学报,2005(10):1667-1673.

[13] 罗明坤,范超军,李胜,等.煤与瓦斯突出的地质动力系统失稳判据研究[J].中国矿业大学学报,2018,47(1):137-144.

[14] 王启飞.掘进巷道煤与瓦斯突出机理的应力演化过程研究[D].北京:中国矿业大学(北京),2018.

[15] 王继仁,邓存宝,邓汉忠.煤与瓦斯突出微观机理研究[J].煤炭学报,2008(2):131-135.

[16] 马延崑.基于煤体微结构和应力扰动特征的煤与瓦斯突出机理研究[D].北京:中国矿业大学(北京),2020.

[17] 林柏泉,周世宁,张仁贵.煤巷卸压带及其在煤和瓦斯突出危险性预测中的应用[J].中国矿业大学学报,1993(4):47-55.

[18] 蒋承林,俞启香.煤与瓦斯突出机理的球壳失稳假说[J].煤矿安全,1995(2):17-25.

[19] 刘志伟,张宏伟,文振明.矿区岩体应力状态对瓦斯突出区域分布的影响[J].黑龙江科技学院学报,2006(3):139-142.

[20] 王焯,王流火,玉熹.煤与瓦斯突出流体动力学机理研究[J].金属矿山,2011(11):159-162.

[21] 杨晓峰.渐进式揭煤技术的研究[D].重庆:重庆大学,2002.

[22] 聂百胜,何学秋,王恩元,等.煤与瓦斯突出预测技术研究现状及发展趋势[J].中国安全科学学报,2003,13(6):40-43.

[23] 魏建平,王恩元,何学秋,等.华丰煤矿应用电磁辐射连续监测冲击矿压[J].煤矿安全,2004(7):39-41.

[24] 埃克尔 H,藤贝格 H I,蒋佑权.利用通风监测技术预报煤与瓦斯突出[J].矿业安全与环保,1990(4):51-56.

[25] 马雷舍夫,艾鲁尼,胡金,等.煤与瓦斯突出预测方法和防治措施[M].魏风清,张建国译.北京:煤炭工业出版社,2003.

[26] 苏文叔.利用瓦斯涌出动态指标预测煤与瓦斯突出[J].矿业安全与环保,1995(5):2-7.

[27] 淮南矿业(集团)有限责任公司,煤炭科学研究总院沈阳研究院.掘进工作面瓦斯动态连续性突出预测与预警技术体系[R].[出版者不详],[出版地不详],2009.

[28] 冷峰,包庆林.掘进工作面煤与瓦斯突出预测理论研究与实践[J].煤炭工程,2005(50):48-50.

［29］ HOEK E, BROWN E T.Practical estimates of rock mass strength[J]. International journal of rock mechanics and mining sciences,1997,34(8)： 116-1186.

［30］ 袁振明,马羽宽,何泽云.声发射技术及其应用[M].北京:机械工业出版 社,1985.

［31］ ARCHIBALD J F,CALDER P N,MOROZ B,et al.Application of microseismic monitoring to stressand rockburst precursor assessment[J].Mining science and technology,1988,7(2)：123-132.

［32］ ARCHIBALD J F, CAlDER P N,BULLOCK K, et al.Development of in-situ rockburst precursor warning systems[J].Mining science and technology,1990, 11(2):129-152.

［33］ MORRISON D M.Rock bursts research at fraconbridge limited[J].CIM bulletin,1989, 82:924.

［34］ REVALOR R,DECHELETTE O, VERSTRAETE M,et al.Detection of coal-bump risk situations using seismo-acoustic monitoring at the province collieries[J].Mining science and technology,1986(4):11-23.

［35］ 王建军.岩石声发射活动的 Kaiser 效应及其在地应力测量中的应用研究 [D].北京:中国矿业大学北京研究生部,1989.

［36］ 王恩元,何学秋,刘贞堂.煤岩破裂声发射试验研究及 R/S 统计分析[J].煤 炭学报,1999,24(3):270-273.

［37］ 徐涛,杨天鸿,唐春安,等.孔隙压力作用下煤岩破裂及声发射特性的数值 模拟[J].岩土力学,2004,25(10):1560-1564.

［38］ 邹银辉.煤岩声发射机制初探[J].矿业安全与环保,2004,31(1):31-34.

［39］ 郭德勇,韩德馨.煤与瓦斯突出黏滑机制研究[J].煤炭学报,2003,28(6): 598-602.

［40］ FRID V I,SHABAROV A N ,PROSKURYAKOV V M,et al. Formation of electromagnetic radiation in coal stratum[J].Journal of mining science, 1992,28(2):139-145.

［41］ FRID V I.Rockburst hazard forecast by electromagnetic radiation excited by rock fracture[J]. Rock mechanics and rock engineering,1997,30(4): 229-236.

［42］ FRID V I.Electromagnetic radiation method for rock and gas outburst forecast[J]. Journal of applied geophysics,1997,38(2):97-104.

［43］ 刘明举.含瓦斯煤断裂电磁辐射及其在煤与瓦斯突出研究中的应用[D].徐

州：中国矿业大学,1994.

[44] 何学秋.含瓦斯煤岩流变动力学[M].徐州：中国矿业大学出版社,1995.

[45] 王恩元.含瓦斯煤破裂的电磁辐射和声发射效应及其应用研究[D].徐州：中国矿业大学,1997.

[46] 聂百胜.含瓦斯煤岩力电效应及机理的研究[D].徐州：中国矿业大学,2001.

[47] 王先义.煤岩电磁辐射特性及其应用研究[D].徐州：中国矿业大学,2003.

[48] 撒占友.煤岩流变破坏电磁辐射效应与异常判识技术的研究[D].徐州：中国矿业大学,2003.

[49] 王云海.煤岩冲击破坏的电磁辐射前兆及预测研究[D].徐州：中国矿业大学,2003.

[50] 魏建平.矿井煤岩动力灾害电磁辐射预警机理及其应用研究[D].徐州：中国矿业大学,2005.

[51] 何学秋,陈庆禄.电磁辐射法预测突出危险性技术及便携式装备的研究[Z].国家重点科技项目(攻关)计划专题工作报告.徐州：[出版者不详],2000.

[52] 何学秋,李平,王恩元,等.煤与瓦斯突出动态监测预警技术及装备[Z]."十五"国家科技攻关重点项目专题研究报告（一期）.徐州：[出版者不详],2004.

[53] 何学秋,袁亮,王恩元,等.煤与瓦斯突出动态监测预警技术及系统[Z]."十五"国家科技攻关重点项目专题研究报告（二期）.徐州：[出版者不详],2006.

[54] 马国强.九里山矿煤与瓦斯突出特征规律及预测技术研究[D].徐州：中国矿业大学,2012.

[55] 陆智斐.九里山矿煤与瓦斯突出实时监测及预警技术研究[D].徐州：中国矿业大学,2014.

[56] 吕志发,张新民,钟铃文,等.块煤的孔隙特征及其影响因素[J].中国矿业大学学报,1991,20(2):45-51.

[57] 王雪龙.基于声发射的煤与瓦斯突出实验研究[D].太原：太原理工大学,2015.

[58] 邹艳荣,杨起.煤中的孔隙与裂隙[J].中国煤田地质,1998(12):39-40.

[59] 刘震,李增华,杨永良,等.水分对煤体瓦斯吸附及径向渗流影响实验研究[J].岩石力学与工程学报,2014,3:586～593.

[60] 王宏图,杜云贵,鲜学福,等.地电场对煤中瓦斯渗流特性的影响[J].重庆大学学报:自然科学版,2000,23(增刊):22-24.

[61] 王宏图,杜云贵,鲜学福,等.地球物理场中的煤层瓦斯渗流方程[J].岩石力

学与工程学报,2002(5):644-646.

[62] PENG K,SHI S,ZOU Q,et al.Quantitative characteristics of energy evolution of gas-bearing coal under cyclic loading and its action mechanisms on coal and gas outburst[J].Rock mechanics and rock engineering,2021,54(6):3115-3133.

[63] 沈功田.声发射检测技术及应用[M].北京:科学出版社,2015.

[64] 赵静荣.声发射信号处理系统与源识别方法的研究[D].长春:吉林大学,2010.

[65] 刘时风,焊接缺陷声发射检测信号谱估计及人工神经网络模式识别研究[D].北京:清华大学,1996.

[66] 何学秋,刘明举.含瓦斯煤岩破坏电磁动力学[M].徐州:中国矿业大学出版社,1995.

[67] 胡菊,魏风清. 俄罗斯 3yA-6 型地震声学监测系统在八矿的试验应用[J].煤炭工程师,1994(6):41～46.

[68] 王恩元,何学秋,刘贞堂,等.煤体破裂声发射的频谱特征研究[J]. 煤炭学报,2004.29(6):289～292.

[69] 耿荣生,沈功田,刘时风.声发射信号处理和分析技术[J]. 无损检测,2002.24(1):23-28.

[70] 耿荣生.AE 信号的波形分析技术[C]//第八届全国声发射学术研讨会论文集.上海:[出版者不详],1999:146-152.

[71] 杨杰. 声发射信号处理与分析技术的研究[D].长春:吉林大学,2005.

[72] 张德丰.MATLAB 小波分析[M].北京:机械工业出版社,2009.

[73] 卢嘉宁.KJ66 煤矿安全生产计算机监控系统[J].微计算机信息,2002,18(4):19-20.

[74] 李宗勃.小波变换在信号去噪方面的研究[D].天津:天津大学,2001.

[75] 胡昌华,张军波,夏军,等.基于 Matlab 的系统分析与设计:小波分析[M].西安:西安电子科技大学出版社,2001.

[76] BUCCELLA C,ORLANDI A. Diagnosing transmission line termination faults by means of wavelet based crosstalk signature recognition[J].IEEE transactions on components & packaging technologies,2000,23(1):165-170.

[77] 杨福生.小波变换的工程分析与应用[M].北京:科学出版社,1999.